수페리우스

수능기출문제집

수페리우스 수능기출문제집 - 기하와 벡터

발행일	2019년 1월 15일

지은이	김 정 구		
펴낸이	손 형 국		
펴낸곳	(주)북랩		
편집인	선일영	편집	권혁신, 오경진, 최승현, 최예은, 김경무
디자인	이현수, 김민하, 한수희, 김윤주, 허지혜	제작	박기성, 황동현, 구성우, 정성배
마케팅	김회란, 박진관, 조하라		
출판등록	2004. 12. 1(제2012-000051호)		
주소	서울시 금천구 가산디지털 1로 168, 우림라이온스밸리 B동 B113, 114호		
홈페이지	www.book.co.kr		
전화번호	(02)2026-5777	팩스	(02)2026-5747

ISBN   979-11-6299-497-9 53410 (종이책)

이 도서의 국립중앙도서관 출판예정도서목록(CIP)은 서지정보유통지원시스템 홈페이지(http://seoji.nl.go.kr)와 국가자료공동목록시스템(http://www.nl.go.kr/kolisnet)에서 이용하실 수 있습니다.

(주)북랩 성공출판의 파트너

북랩 홈페이지와 패밀리 사이트에서 다양한 출판 솔루션을 만나 보세요!

홈페이지 book.co.kr   •   **블로그** blog.naver.com/essaybook   •   **원고모집** book@book.co.kr

2020 수능대비

기하와 벡터

수페리우스 수능기출문제집

김정구 지음

고득점 대비

고난도 기출 문제 수록

북랩 book Lab

수페리우스 학습 과정

1 단계
수능기출문제 실전 연습

2 단계
문제풀이 그림을 바탕으로 학습

3 단계
STEP BY STEP

목차

꼬인 위치에 있는 두 직선이 이루는 각

| 2011년 10월 교육청 |

정사면체 ABCD에서 두 모서리 AC, AD의 중점을 각각 M, N이라 하자. 직선 BM과 직선 CN이 이루는 예각의 크기를 θ라 할 때, $\cos\theta = \dfrac{q}{p}$이다. $p+q$의 값을 구하시오.

(단, p와 q는 서로소인 자연수이다.)

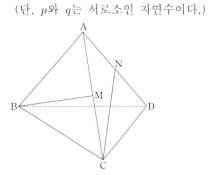

| 문제 풀이 |

STEP1

선분 AN의 중점을 E라 하면 삼각형의 중점연결 정리에 의하여

$$\overline{ME} /\!/ \overline{CN}$$

이므로

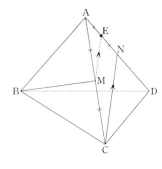

STEP2

선분 BM과 선분 ME가 이루는 예각의 크기는

$$\angle BME = \theta$$

이다.

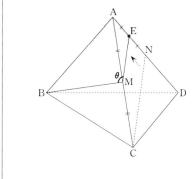

정사면체 ABCD의 한 모서리의 길이를
4라 하면

$$\overline{AE} = \frac{1}{4}\overline{AD} = 1$$

그런데

$$\angle BAE = \frac{\pi}{3}$$

이므로

　삼각형 BAE에서 제2코사인법칙을
　쓰면

$$\overline{BE} = \sqrt{13}$$

한편,

$$\overline{BM} = \frac{\sqrt{3}}{2} \times 4$$

이고

$$\overline{ME} = \frac{1}{2}\overline{CN} = \sqrt{3}$$

따라서

　삼각형 BME에서 제2코사인법칙을
　쓰면

$$\cos\theta = \frac{1}{6}$$

이다.

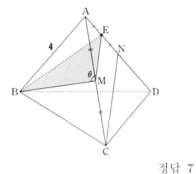

정답 7

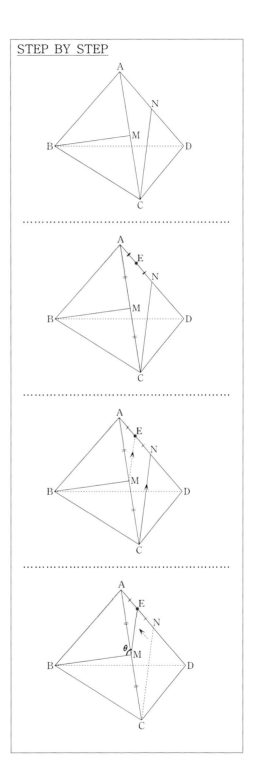

7

| 2012학년도 9월 평가원 |
그림은 $\overline{AC}=\overline{AE}=\overline{BE}$이고 $\angle DAC=\angle CAB$
$=90°$인 사면체의 전개도이다.

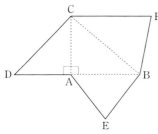

이 전개도로 사면체를 만들 때, 세 점 D, E,
F가 합쳐지는 점을 P라 하자.
사면체 PABC에 대하여 옳은 것만을 [보기]
에서 있는 대로 고른 것은?

ㄱ. $\overline{CP}=\sqrt{2}\,\overline{BP}$

ㄴ. 직선 AB와 직선 CP는 꼬인 위치에
 있다.

ㄷ. 선분 AB의 중점을 M이라 할 때, 직
 선 PM과 직선 BC는 서로 수직이다.

① ㄱ ② ㄷ ③ ㄱ, ㄴ
④ ㄴ, ㄷ ⑤ ㄱ, ㄴ, ㄷ

| 문제 풀이 |

ㄱ.

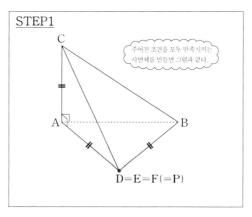

ㄴ.

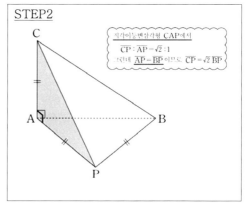

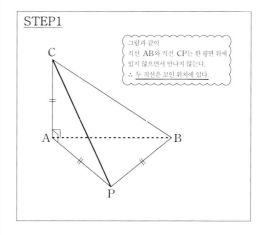

ㄷ.

STEP1

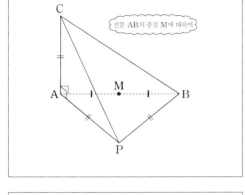

선분 AB의 중점 M에 대하여

STEP2

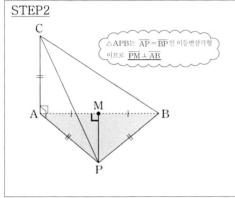

△APB는 $\overline{AP} = \overline{BP}$인 이등변삼각형 이므로 $\overline{PM} \perp \overline{AB}$

STEP3

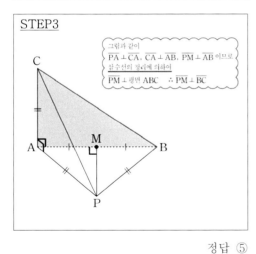

그림과 같이 $\overline{PA} \perp \overline{CA}$, $\overline{CA} \perp \overline{AB}$, $\overline{PM} \perp \overline{AB}$ 이므로 삼수선의 정리에 의하여 $\overline{PM} \perp$ 평면 ABC ∴ $\overline{PM} \perp \overline{BC}$

| 2013학년도 수능 |

그림과 같이 $\overline{AB}=9$, $\overline{AD}=3$인 직사각형 ABCD 모양의 종이가 있다. 선분 AB 위의 점 E와 선분 DC 위의 점 F를 연결하는 선을 접는 선으로 하여, 점 B의 평면 AEFD 위로 의 정사영이 점 D가 되도록 종이를 접었다. $\overline{AE}=3$일 때, 두 평면 AEFD와 EFCB가 이 루는 각의 크기가 θ이다. $60\cos\theta$의 값을 구하시오. (단, $0<\theta<\dfrac{\pi}{2}$이고, 종이의 두께는 고려하지 않는다.)

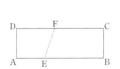

| 문제 풀이 |

STEP1

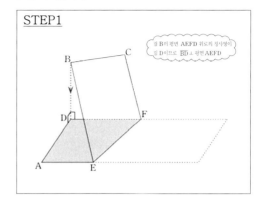

STEP2

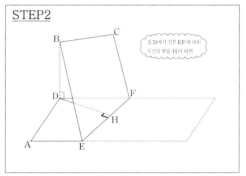

STEP3

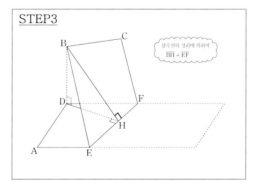

STEP4

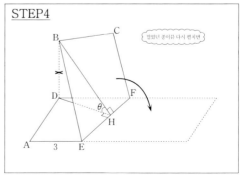

STEP5

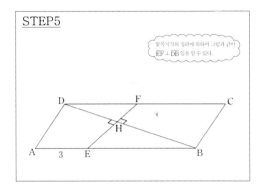

맞꼭지각의 정리에 의하여 그림과 같이 $\overline{EF} \perp \overline{DB}$임을 알 수 있다.

STEP6

$\triangle EBH \backsim \triangle DBA$(AA닮음)이므로
$\overline{EB} : \overline{BH} = \overline{DB} : \overline{BA}$ $\therefore \overline{BH} = \frac{9}{5}\sqrt{10}$
$\therefore \overline{DH} = \overline{DB} - \overline{BH} = \frac{6}{5}\sqrt{10}$

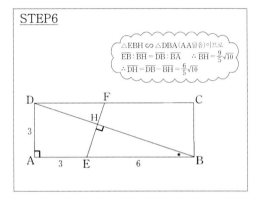

STEP7
STEP4에서

$$\cos\theta = \frac{\overline{DH}}{\overline{BH}} = \frac{\frac{6}{5}\sqrt{10}}{\frac{9}{5}\sqrt{10}} = \frac{2}{3}$$

이므로

정답 40

공간도형

두 평면이 이루는 각

| 2012년 7월 교육청 |

그림과 같이 정사면체 ABCD의 모서리 CD
를 3 : 1로 내분하는 점을 P라 하자. 삼각형
ABP와 삼각형 BCD가 이루는 각의 크기를
θ라 할 때, $\cos\theta$의 값은? $\left(0 < \theta < \dfrac{\pi}{2}\right)$

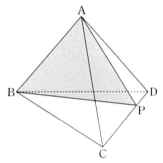

① $\dfrac{\sqrt{3}}{6}$ ② $\dfrac{\sqrt{3}}{9}$ ③ $\dfrac{\sqrt{3}}{12}$

④ $\dfrac{\sqrt{3}}{15}$ ⑤ $\dfrac{\sqrt{3}}{18}$

| 문제 풀이 |

STEP1

점 A에서 삼각형 BCD에 내린 수선의
발을 G라 하고

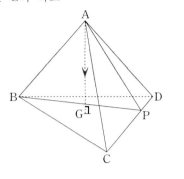

STEP2

점 A에서 두 삼각형 ABP와 BCD의 교
선 BP에 내린 수선의 발을 H라 하면
삼수선의 정리에 의하여

$$\overline{GH} \perp \overline{BP}$$

이므로

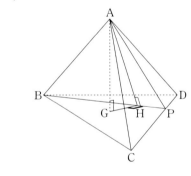

STEP3

$\angle\,AHG = \theta$

이다.

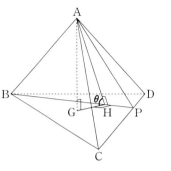

STEP4

정사면체 ABCD의 한 모서리의 길이를
4라 하면

$\overline{DP} = 1$

그런데

$\angle\,ADP = \dfrac{\pi}{3}$

이므로

삼각형 ADP에서 제2코사인법칙을
쓰면

$\overline{AP} = \sqrt{13}$

또,

삼각형 BDP에서 같은 방법으로
하면

$\overline{BP} = \sqrt{13}$

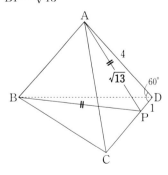

STEP5

$\overline{AP} = \overline{BP}$인 이등변삼각형 PAB에서 선
분 AB의 중점을 M이라 하면

$\overline{AM} = 2$

이고

$\overline{PM} = \sqrt{\overline{AP}^2 - \overline{AM}^2} = 3$

이때,

점 A에서 선분 BP에 내린 수선의 발
H에 대하여

$\overline{AB} \times \overline{PM} = \overline{BP} \times \overline{AH}$

이므로

$\overline{AH} = \dfrac{12}{\sqrt{13}}$

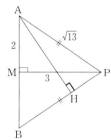

STEP6

STEP3에서

$\overline{AG} = \dfrac{\sqrt{6}}{3} \times 4$

이므로

$\overline{GH} = \sqrt{\overline{AH}^2 - \overline{AG}^2} = \dfrac{4}{\sqrt{39}}$

따라서

$\cos\theta = \dfrac{\overline{GH}}{\overline{AH}} = \dfrac{1}{3\sqrt{3}}$

이다.

정답 ②

공간도형

두 평면이 이루는 각

| 2015년 7월 교육청 |

그림과 같이 평면 α 위에

$\angle A = \dfrac{\pi}{2}$, $\overline{AB} = \overline{AC} = 2\sqrt{3}$ 인 삼각형 ABC가

있다. 중심이 점 O이고 반지름의 길이가 2인 구가 평면 α와 점 A에서 접한다. 세 직선 OA, OB, OC와 구의 교점 중 평면 α까지의 거리가 2보다 큰 점을 각각 D, E, F라 하자. 삼각형 DEF의 평면 OBC 위로의 정사영의 넓이를 S라 할 때, $100S^2$의 값을 구하시오.

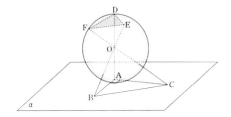

STEP1

점 O에서 만나는 두 직선 BE와 CF는 단 하나의 평면을 결정한다. 따라서 평면 DEF와 평면 OBC의 교선은 선분 EF이다.

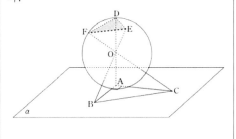

STEP2

점 O에서 만나는 두 직선 BE, CF에 대하여

$\qquad \angle EOF = \angle BOC$

그런데

$\qquad \overline{OE} = \overline{OF} = 2$

이고

$\quad$ 두 직각삼각형 OAB, OAC에서

$\qquad \overline{OB} = \overline{OC} = 4$

이므로

$\quad$ 두 삼각형 OEF와 OBC는 서로
$\quad$ SAS 닮음

따라서

$\qquad \overline{EF} /\!/ \overline{BC}$

$\qquad \overline{EF} = \dfrac{1}{2}\overline{BC} = \sqrt{6}$

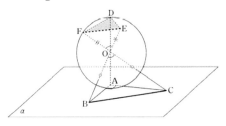

STEP3
두 직각삼각형 OAB, OAC에서

$$\angle AOB = \angle AOC = \frac{\pi}{3}$$

이므로

$$\angle DOE = \angle DOF = \frac{\pi}{3}$$

그런데

$$\overline{OD} = \overline{OE} = \overline{OF} = 2$$

이므로
삼각형 DOE와 삼각형 DOF는 모두
정삼각형

따라서

$$\overline{DE} = \overline{DF} = 2$$

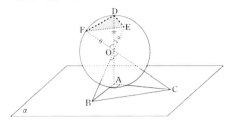

STEP4
두 평면 DEF와 OBC의 교선 EF의 중
점을 M이라 하면

$$\overline{DM} \perp \overline{EF}, \ \overline{OM} \perp \overline{EF}$$

이때,
평면 DEF와 평면 OBC가 이루는
예각의 크기를 θ
라 하면

$$\angle DMO = \theta$$

이므로
삼각형 DMO에서 제2코사인법칙을
쓰면

$$\cos\theta = \frac{1}{5}$$

한편,

$$\triangle DEF = \frac{1}{2} \times \overline{EF} \times \overline{DM} = \frac{\sqrt{15}}{2}$$

따라서
S의 값은

$$\triangle DEF \times \cos\theta = \frac{\sqrt{15}}{10}$$

이다.

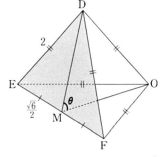

정답 15

15

두 평면이 이루는 각

| 2016년 7월 교육청 |

그림과 같이 반지름의 길이가 2인 구 S와 서로 다른 두 직선 l, m이 있다. 구 S와 직선 l이 만나는 서로 다른 두 점을 각각 A, B, 구 S와 직선 m이 만나는 서로 다른 두 점을 각각 P, Q라 하자.

삼각형 APQ는 한 변의 길이가 $2\sqrt{3}$인 정삼각형이고 $\overline{AB} = 2\sqrt{2}$, $\angle ABQ = \dfrac{\pi}{2}$일 때 평면 APB와 평면 APQ가 이루는 각의 크기 θ에 대하여 $100\cos^2\theta$의 값을 구하시오.

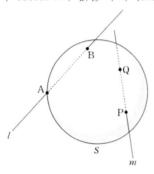

| 문제 풀이 |

STEP1

구의 중심을 O라 하고 구 위의 세 점 A, P, Q를 포함하는 평면과 만나서 생기는 원을 C_1, 구 위의 세 점 A, B, Q를 포함하는 평면과 만나서 생기는 원을 C_2라 하자. 한 변의 길이가 $2\sqrt{3}$인 정삼각형 APQ의 외접원 C_1의 반지름의 길이는

$$\frac{2}{3}\left(\frac{\sqrt{3}}{2} \times 2\sqrt{3}\right) = 2$$

이므로

C_1의 중심은 구의 중심 O

한편,

$$\angle ABQ = \frac{\pi}{2}$$

이므로

C_2는 선분 AQ를 지름으로 하는 원

이때,

C_2의 중심을 M이라 하면

$$\overline{OM} \perp (\text{평면 ABQ})$$

이므로

선분 OM을 포함하는 평면 APQ는 평면 ABQ에 수직

이다.

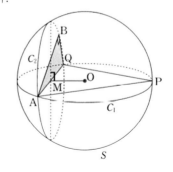

STEP2

평면 APB와 평면 APQ가 이루는 각을 작도하기 위해 점 B에서 평면 APQ에 내린 수선의 발을 H라 하고

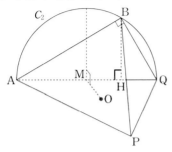

POINT

평면 APQ와 평면 ABQ는 서로 수직이므로

H는 선분 AQ 위의 점

STEP3

점 B에서 두 평면 APB와 APQ의 교선 AP에 내린 수선의 발을 I라 하면 삼수선의 정리에 의하여

$$\overline{HI} \perp \overline{AP}$$

이므로

$$\angle BIH = \theta$$

STEP4

직각삼각형 ABQ에서

$$\overline{AQ} = 2\sqrt{3}, \ \overline{AB} = 2\sqrt{2}$$

이므로

$$\overline{BQ} = 2$$

이때,

$$\overline{AB} \times \overline{BQ} = \overline{AQ} \times \overline{BH}$$

이므로

$$\overline{BH} = \frac{2\sqrt{6}}{3}$$

따라서

$$\overline{AH} = \sqrt{\overline{AB}^2 - \overline{BH}^2} = \frac{4\sqrt{3}}{3}$$

한편,

직각삼각형 AHI에서

$$\overline{HI} = \overline{AH} \sin\frac{\pi}{3} = 2$$

이므로

$$\overline{BI} = \sqrt{\overline{BH}^2 + \overline{HI}^2} = \frac{2\sqrt{15}}{3}$$

따라서

$$\cos\theta = \frac{\overline{HI}}{\overline{BI}} = \frac{\sqrt{15}}{5}$$

이다.

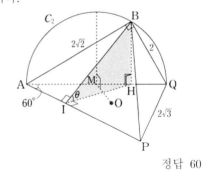

정답 60

17

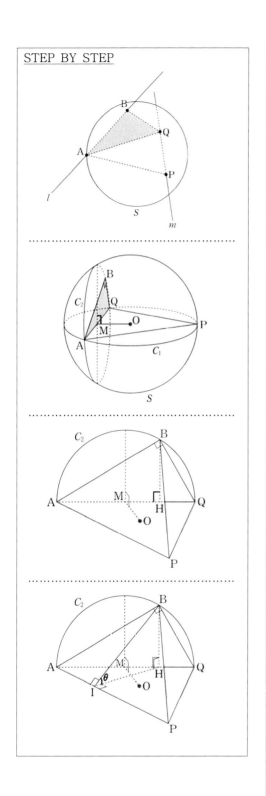

공간도형
두 평면이 이루는 각

| 2011학년도 9월 평가원 |

같은 평면 위에 있지 않고 서로 평행한 세 직선 l, m, n이 있다. 직선 l 위의 두 점 A, B, 직선 m 위의 점 C, 직선 n 위의 점 D가 다음 조건을 만족시킨다.

(가) $\overline{AB}=2\sqrt{2}$, $\overline{CD}=3$
(나) $\overline{AC}\perp l$, $\overline{AC}=5$
(다) $\overline{BD}\perp l$, $\overline{BD}=4\sqrt{2}$

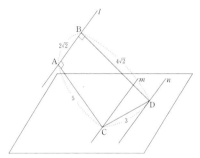

두 직선 m, n을 포함하는 평면과 세 점 A, C, D를 포함하는 평면이 이루는 각의 크기를 θ라 할 때, $15\tan^2\theta$의 값을 구하시오.

$$\left(0 < \theta < \frac{\pi}{2}\right)$$

| 문제 풀이 |

<u>STEP1</u>

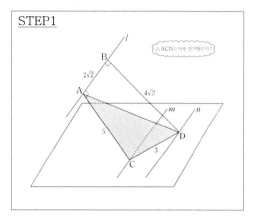

<u>STEP2</u>

직각삼각형 ABD에서
$$\overline{AD}=2\sqrt{10}$$
이때,
삼각형 ACD는
$$\overline{AD}^2 > \overline{AC}^2 + \overline{CD}^2$$
을 만족
∠C가 둔각인 삼각형
이다.
그림과 같이 선분 CD의 연장선을 그었을 때

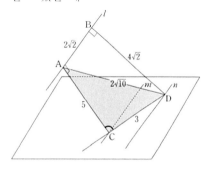

STEP3

점 A에서 두 직선 m, n을 포함하는 평면과 선분 CD의 연장선에 내린 수선의 발을 각각 H, I라 하면 삼수선의 정리에 의하여

$\overline{\text{HI}} \perp$ (선분 CD의 연장선)

이므로

$\angle \text{AIH} = \theta$

이다.

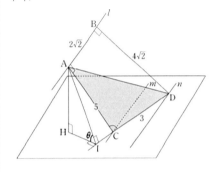

STEP4

점 B에서 두 직선 m, n을 포함하는 평면과 직선 m에 내린 수선의 발을 각각 F, E라 하면 삼수선의 정리에 의하여

$\overline{\text{FE}} \perp m$

한편,

$l /\!/ n, \overline{\text{BD}} \perp l$

이므로

$\overline{\text{BD}} \perp n$

따라서

삼수선의 정리에 의하여

$\overline{\text{FD}} \perp n$

이므로

세 점 F, E, D는 한 직선 위에 있다.

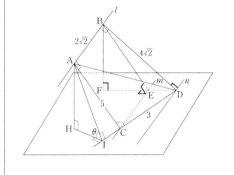

직사각형 ACEB에서

$$\overline{CE}=\overline{AB}=2\sqrt{2}$$

이므로

$$\overline{ED}=\sqrt{\overline{CD}^2-\overline{CE}^2}=1$$

또,

$$\overline{BE}=\overline{AC}=5$$

이다.

삼각형 BED에서 제2코사인법칙을 쓰면

$$\cos(\angle BED)=-\frac{3}{5}$$

이므로

$$\overline{EF}=3$$

따라서

$$\overline{BF}=\sqrt{\overline{BE}^2-\overline{EF}^2}=4$$

이므로

$$\overline{AH}=\overline{BF}=4$$

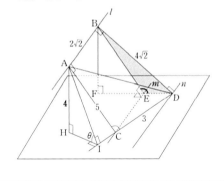

한편,

삼각형 ACD에서 제2코사인법칙을 쓰면

$$\cos(\angle ACD)=-\frac{1}{5}$$

이므로

$$\overline{CI}=1$$

이때,

$$\overline{AI}=\sqrt{\overline{AC}^2-\overline{CI}^2}=2\sqrt{6}$$

이므로

$$\overline{HI}=\sqrt{\overline{AI}^2-\overline{AH}^2}=2\sqrt{2}$$

따라서

$$\tan\theta=\frac{\overline{AH}}{\overline{HI}}=\sqrt{2}$$

이다.

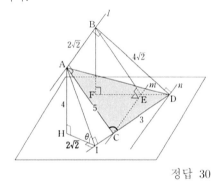

정답 30

21

STEP BY STEP

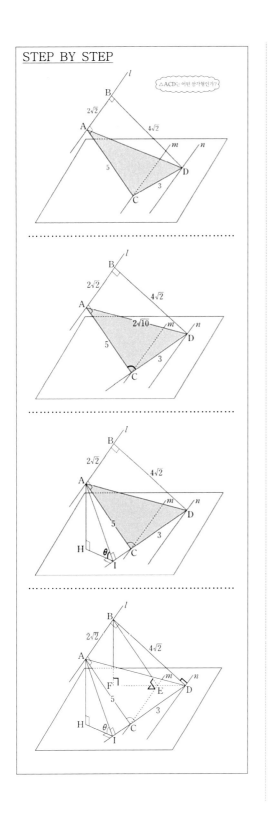

두 평면이 이루는 각

| 2014학년도 수능예비시행 |
반지름의 길이가 2인 구의 중심 O를 지나는 평면을 α라 하고, 평면 α와 이루는 각이 45°인 평면을 β라 하자. 평면 α와 구가 만나서 생기는 원을 C_1, 평면 β와 구가 만나서 생기는 원을 C_2라 하자. 원 C_2의 중심 A와 평면 α 사이의 거리가 $\dfrac{\sqrt{6}}{2}$일 때, 그림과 같이 다음 조건을 만족하도록 원 C_1 위에 점 P, 원 C_2 위에 두 점 Q, R를 잡는다.

(가) $\angle QAR = 90^\circ$

(나) 직선 OP와 직선 AQ는 서로 평행하다.

평면 PQR와 평면 AQPO가 이루는 각을 θ라 할 때, $\cos^2\theta = \dfrac{q}{p}$이다. $p+q$의 값을 구하시오. (단, p와 q는 서로소인 자연수이다.)

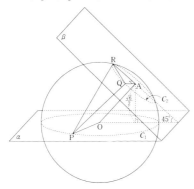

| 문제 풀이 |

STEP1

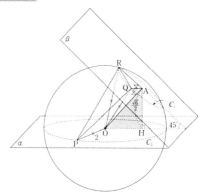

구의 중심 O에서 평면 β에 내린 수선의 발은 원 C_2의 중심 A이므로
$$\overline{OA} \perp \overline{AQ}, \ \overline{OA} \perp \overline{AR}$$
이다.

점 A에서 평면 α에 내린 수선의 발을 H라 하면
$$\overline{AH} = \frac{\sqrt{6}}{2}$$
이므로

직각이등변삼각형 OAH에서
$$\overline{OA} = \sqrt{2}\,\overline{AH} = \sqrt{3}$$
그런데
$$\overline{OP} = \overline{OQ} = \overline{OR} = 2$$
이므로

두 직각삼각형 OAQ, OAR에서
$$\overline{AQ} = \overline{AR} = 1$$
이다.

STEP2

$$\angle\,\mathrm{OAR}=\angle\,\mathrm{QAR}=\frac{\pi}{2}$$

이므로

$$\overline{\mathrm{RA}}\perp(\text{평면 AQPO})$$

이때,

평면 AQPO 위에 그림과 같이 직사각형 ABPO를 만들면 삼수선의 정리에 의하여

$$\overline{\mathrm{RB}}\perp\overline{\mathrm{PB}}$$

따라서

$\triangle\mathrm{PQR}$은 $\angle\mathrm{Q}$가 둔각인 삼각형이다.

점 R에서 선분 PQ의 연장선에 내린 수선의 발을 I라 하면

$$\overline{\mathrm{AI}}\perp(\text{선분 PQ의 연장선})$$

이므로

$$\angle\,\mathrm{RIA}=\theta$$

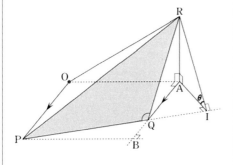

STEP3

삼각형 OAQ에서

$$\angle\,\mathrm{OQA}=\frac{\pi}{3}$$

그런데

$$\overline{\mathrm{OP}}\,/\!/\,\overline{\mathrm{AQ}}$$

이므로

$$\angle\,\mathrm{QOP}=\frac{\pi}{3}$$

따라서

$\triangle\mathrm{OPQ}$는 정삼각형

이때,

$$\angle\,\mathrm{AQI}=\angle\,\mathrm{OPQ}=\frac{\pi}{3}$$

이므로

$$\overline{\mathrm{AI}}=\overline{\mathrm{AQ}}\sin\frac{\pi}{3}=\frac{\sqrt{3}}{2}$$

이다.

직각삼각형 RIA에서

$$\overline{\mathrm{RI}}=\sqrt{\overline{\mathrm{AR}}^{\,2}+\overline{\mathrm{AI}}^{\,2}}=\frac{\sqrt{7}}{2}$$

이므로

$$\cos\theta=\frac{\overline{\mathrm{AI}}}{\overline{\mathrm{RI}}}=\frac{\sqrt{3}}{\sqrt{7}}$$

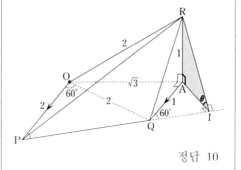

정답 10

두 평면이 이루는 각

| 2005학년도 수능예비평가 |

그림의 정사면체에서 모서리 OA를 1:2로 내분하는 점을 P라 하고, 모서리 OB와 OC를 2:1로 내분하는 점을 각각 Q와 R라 하자. △PQR와 △ABC가 이루는 각의 크기를 θ라 할 때, $\cos\theta$의 값은?

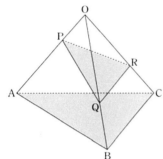

① $\dfrac{1}{3}$

② $\dfrac{\sqrt{2}}{3}$

③ $\dfrac{\sqrt{3}}{3}$

④ $\dfrac{\sqrt{5}}{3}$

⑤ $\dfrac{\sqrt{6}}{3}$

| 문제 풀이 |

STEP1

모서리 OA를 2:1로 내분하는 점을 D라 하면

  평면 DQR은 평면 ABC와 평행

이때,

$\overline{PQ}=\overline{PR}$인 이등변삼각형 PQR와 정삼각형 DQR의 교선 QR의 중점을 M이라 하면

  $\overline{PM}\perp\overline{QR}$, $\overline{DM}\perp\overline{QR}$

이므로

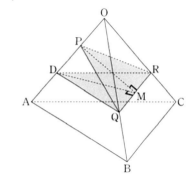

STEP2

  $\angle PMD = \theta$

이다.

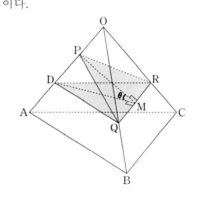

STEP3

두 정삼각형 QOD, ROD의 교선 OD의 중점 P에 대하여

$$\overline{QP} \perp \overline{OD}, \quad \overline{RP} \perp \overline{OD}$$

이므로

　선분 OD는 평면 PQR에 수직 이다.

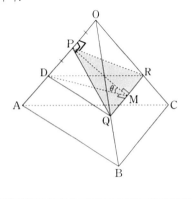

STEP4

따라서

$$\overline{OD} \perp \overline{PM}$$

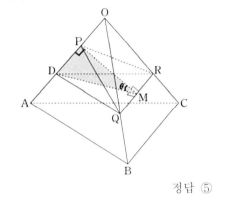

STEP5

정사면체 OABC의 한 모서리의 길이를 3이라 하면

$$\overline{PD} = 1$$

이고

$$\overline{DM} = \frac{\sqrt{3}}{2} \times 2$$

이므로

$$\overline{MP} = \sqrt{\overline{DM}^2 - \overline{PD}^2} = \sqrt{2}$$

따라서

$$\cos \theta = \frac{\overline{MP}}{\overline{DM}} = \frac{\sqrt{2}}{\sqrt{3}}$$

이다.

정답 ⑤

두 평면이 이루는 각

| 2012학년도 9월 평가원 |

그림과 같이 평면 α 위에 점 A가 있고, α로부터의 거리가 각각 $1, 3$인 두 점 B, C가 있다. 선분 AC를 $1:2$로 내분하는 점 P에 대하여 $\overline{BP}=4$이다. 삼각형 ABC의 넓이가 9일 때, 삼각형 ABC의 평면 α 위로의 정사영의 넓이를 S라 하자. S^2의 값을 구하시오.

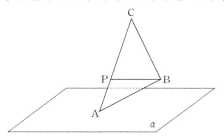

| 문제 풀이 |

STEP1

세 점 B, C, P에서 평면 α에 내린 수선의 발을 각각

$$H_1, H_2, H_3$$

라 하면

$$\overline{PH_3}=1$$

이므로

선분 BP는 평면 α에 평행

이때,

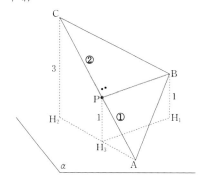

STEP2

선분 CH_2를 $2:1$로 내분하는 점을 K라 하면

$$\overline{KH_2}=1$$

이므로

평면 BKP는 평면 α와 평행

이다.

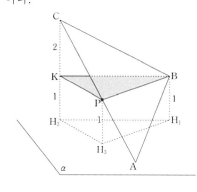

따라서

$$\overline{CH_2} \perp (\text{평면 } BKP)$$

이므로

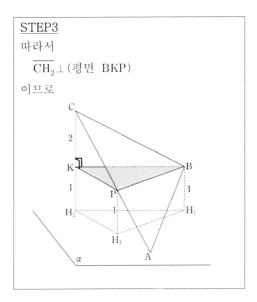

점 C에서 선분 BP에 내린 수선의 발을 I라 하면 삼수선의 정리에 의하여

$$\overline{KI} \perp \overline{BP}$$

이때,

삼각형 ABC와 평면 α가 이루는
예각의 크기를 θ

라 하면

$$\angle CIK = \theta$$

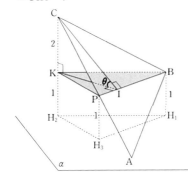

선분 AC를 $1:2$로 내분하는 점 P에 대하여

$$\triangle BCP = \frac{2}{3}\triangle ABC = 6$$

그런데

$$\overline{BP} = 4$$

이므로

$$\overline{CI} = 3$$

직각삼각형 CIK에서

$$\overline{KI} = \sqrt{\overline{CI}^2 - \overline{CK}^2} = \sqrt{5}$$

이므로

$$\cos\theta = \frac{\overline{KI}}{\overline{CI}} = \frac{\sqrt{5}}{3}$$

따라서

S의 값은

$$\triangle ABC \times \cos\theta$$

$$= 9 \times \frac{\sqrt{5}}{3} = 3\sqrt{5}$$

이다.

정답 45

STEP BY STEP

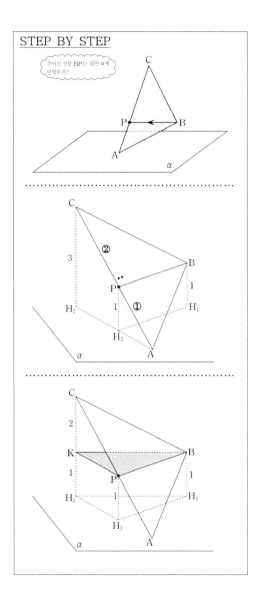

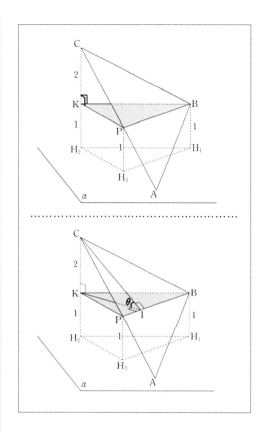

| 2009학년도 수능 |

그림과 같이 반지름의 길이가 모두 $\sqrt{3}$ 이고 높이가 서로 다른 세 원기둥이 서로 외접하며 한 평면 α 위에 놓여 있다. 평면 α와 만나지 않는 세 원기둥의 밑면의 중심을 각각 P, Q, R라 할 때, 삼각형 QPR는 이등변삼각형이고, 평면 QPR와 평면 α가 이루는 각의 크기는 60°이다. 세 원기둥의 높이를 각각 8, a, b라 할 때, $a+b$의 값을 구하시오.

(단, $8 < a < b$)

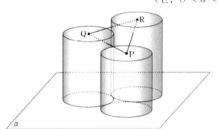

| 문제 풀이 |

STEP1

평면 α와 만나는 세 원기둥의 밑면의 중심을 각각

O_1, O_2, O_3

라 하면

$\overline{PO_1} = 8$, $\overline{QO_2} = a$, $\overline{RO_3} = b$

그런데

$8 < a < b$

이므로

삼각형 QPR의 어느 변도 평면 α에 평행하지 않다.

한편,

삼각형 $O_1O_2O_3$는 한 변의 길이가

$2\sqrt{3}$ 인 정삼각형

이다.

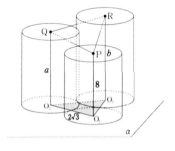

STEP2

점 Q에서 선분 RO_3에 내린 수선의 발을 I라 하고 점 P에서 두 선분 QO_2, RO_3에 내린 수선의 발을 각각 J, K라 하면

$$\overline{QI} = \overline{PJ} = \overline{PK}$$

이고

$$\overline{RK} > \overline{RI}, \ \overline{RK} > \overline{QJ}$$

이므로

$$\overline{RP} > \overline{RQ}, \ \overline{RP} > \overline{QP}$$

그런데

삼각형 QPR는 이등변삼각형

이므로

$$\overline{RQ} = \overline{QP}$$

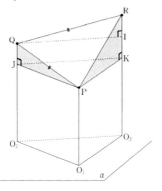

STEP3

따라서

삼각형 RQI와 삼각형 QPJ는
서로 RHS 합동

이므로

$$\overline{RI} = \overline{QJ}$$

또,

두 선분 QI와 JK는 서로 평행

이므로

$$\overline{QJ} = \overline{IK}$$

따라서

점 I는 선분 RK의 중점

이다.

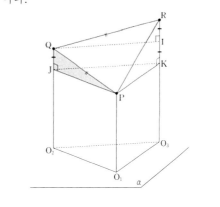

31

STEP4

이때,

　선분 RP의 중점을 M

이라 하면

　삼각형의 중점연결 정리에 의하여

$$\overline{MI} /\!/ \overline{PK}$$

이므로

　평면 QMI는 평면 α와 평행

이다.

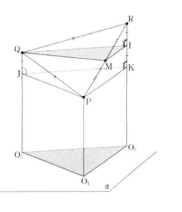

STEP5

한편,

　$\overline{RQ} = \overline{QP}$인 이등변삼각형 QPR

에서

$$\overline{QM} \perp \overline{RP}$$

이므로

　삼수선의 정리에 의하여

$$\overline{IM} \perp \overline{QM}$$

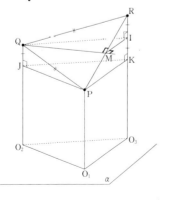

STEP6

따라서

　$\angle RMI = 60\,^\circ$

이다.

　직각삼각형 RMI에서

$$\overline{MI} = \frac{1}{2}\overline{PK} = \sqrt{3}$$

　이므로

$$\overline{RI} = \overline{MI}\tan 60\,^\circ = 3$$

따라서

$$a = \overline{QO_2} = 11$$

이고

$$b = \overline{RO_3} = 14$$

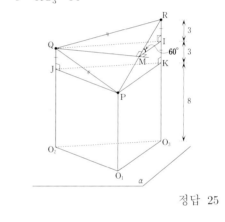

정답 25

STEP BY STEP

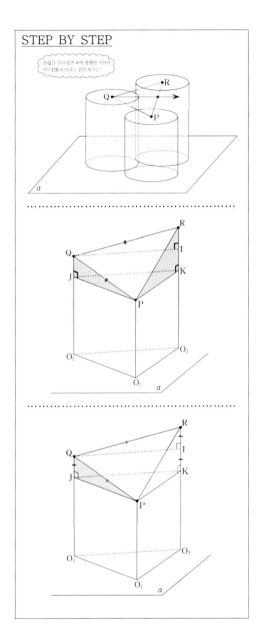

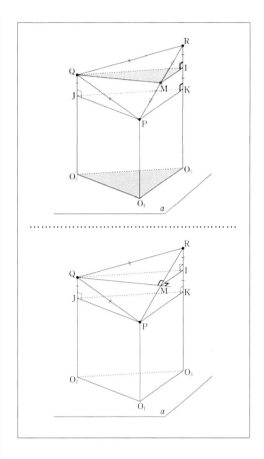

두 평면이 이루는 각

| 2014년 7월 교육청 |

한 변의 길이가 4인 정육면체 ABCD−EFG H와 밑면의 반지름의 길이가 $\sqrt{2}$이고 높이가 2인 원기둥이 있다. 그림과 같이 이 원기둥의 밑면이 평면 ABCD에 포함되고 사각형 ABCD의 두 대각선의 교점과 원기둥의 밑면의 중심이 일치하도록 하였다. 평면 ABCD에 포함되어 있는 원기둥의 밑면을 α, 다른 밑면을 β라 하자. 평면 AEGC가 밑면 α와 만나서 생기는 선분을 $\overline{MN}$, 평면 BFHD가 밑면 β와 만나서 생기는 선분을 $\overline{PQ}$라 할 때, 삼각형 MPQ의 평면 DEG 위로의 정사영의 넓이는 $\dfrac{b}{a}\sqrt{3}$이다. a^2+b^2의 값을 구하시오. (단, a, b는 서로소인 자연수이다.)

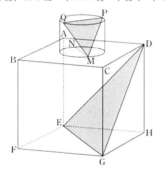

| 문제 풀이 |

STEP1

선분 PQ를 지름으로 하는 원기둥의 밑면 β의 중심을 O_1, 선분 MN을 지름으로 하는 원기둥의 밑면 α의 중심을 O_2, 사각형 EFGH의 두 대각선의 교점을 O_3라 하자.

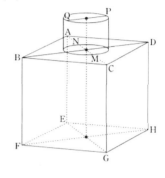

STEP2

평면 BFHD 위에 있는 두 선분
$$\overline{PQ} // \overline{DB}$$
또,

평면 AEGC 위에 있는 두 직각삼각형
O_1O_2M과 O_2O_3G

에서
$$\overline{O_1O_2} : \overline{O_2M} = \overline{O_2O_3} : \overline{O_3G} (= \sqrt{2} : 1)$$
이므로
$$\overline{O_1M} // \overline{O_2G}$$

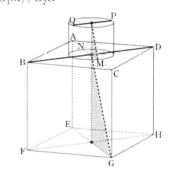

STEP3
따라서
  평면 MPQ는 평면 GDB와 평행
이다.

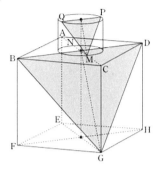

STEP4
두 정삼각형 GDB와 DEG의 교선 GD의
중점을 I라 하면
  $\overline{BI} \perp \overline{GD}$, $\overline{EI} \perp \overline{GD}$
이때,
  평면 MPQ와 평면 DEG가 이루는
  예각의 크기를 θ
라 하면
  $\angle BIE = \theta$
이므로
  삼각형 BIE에서 제2코사인법칙을
  쓰면
  $\cos \theta = \dfrac{1}{3}$

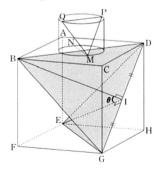

STEP5
STEP2에서
  두 점 P, Q는 평면 AEGC에 대하여
  서로 대칭
이므로
  $\overline{MO_1} \perp \overline{PQ}$
따라서
$$\triangle MPQ = \frac{1}{2} \times \overline{PQ} \times \overline{MO_1}$$
$$= \frac{1}{2} \times \overline{PQ} \times \sqrt{\overline{O_1O_2}^2 + \overline{O_2M}^2}$$
$$= \frac{1}{2} \times 2\sqrt{2} \times \sqrt{2^2 + \left(\sqrt{2}\right)^2}$$
$$= 2\sqrt{3}$$

STEP6
구하는
  삼각형 MPQ의 평면 DEG 위로의 정
  사영의 넓이는
  $$\triangle MPQ \times \cos\theta$$
  $$= 2\sqrt{3} \times \frac{1}{3}$$

정답 13

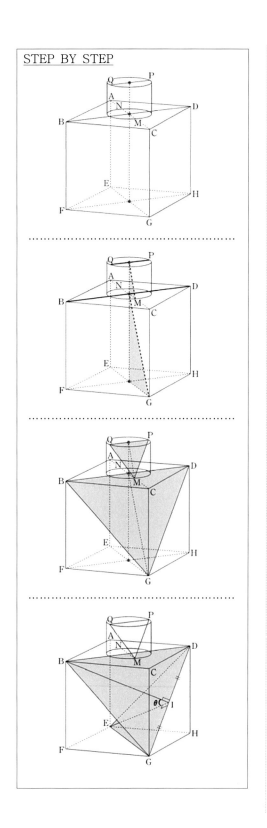

두 평면이 이루는 각

| 2015학년도 9월 평가원 |

그림과 같이 평면 α 위에 놓여 있는 서로
다른 네 구 S, S_1, S_2, S_3이 다음 조건을 만족
시킨다.

> (가) S의 반지름의 길이는 3이고, S_1, S_2,
> S_3의 반지름의 길이는 1이다.
> (나) S_1, S_2, S_3은 모두 S에 접한다.
> (다) S_1은 S_2와 접하고, S_2는 S_3과 접한다.

S_1, S_2, S_3의 중심을 각각 O_1, O_2, O_3이라 하자.
두 점 O_1, O_2를 지나고 평면 α에 수직인 평
면을 β, 두 점 O_2, O_3을 지나고 평면 α에
수직인 평면이 S_3과 만나서 생기는 단면을
D라 하자. 단면 D의 평면 β 위로의 정사영
의 넓이를 $\dfrac{q}{p}\pi$라 할 때, $p+q$의 값을 구하시
오. (단, p와 q는 서로소인 자연수이다.)

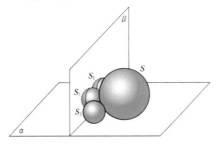

| 문제 풀이 |

STEP1

세 구 S_1, S_2, S_3의 중심 O_1, O_2, O_3을
지나는 평면을 γ라 하자.
（점 O는 구 S의 중심)

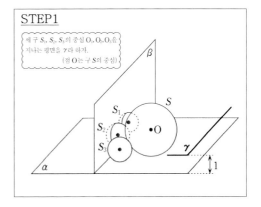

STEP2

구 S와 평면 γ가 만나서 생기는 원의
중심을 C라 하면

$$\overline{O_iC} = 2\sqrt{3}$$

이므로

$i = 1, 2, 3$

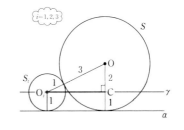

STEP3

네 구와 평면 γ가 만나서 생기는 네 원
의 위치관계는 그림과 같다.

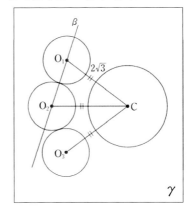

두 점 O_2, O_3을 지나고 평면 γ에 수직인 평면 δ에 대하여 두 평면 β와 δ가 이루는 예각의 크기를 θ라 하면

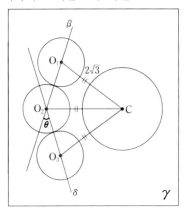

STEP5

평면 δ가 S_3과 만나서 생기는 단면 D의 평면 β 위로의 정사영의 넓이는

$$\pi \times \cos \theta$$

이다.

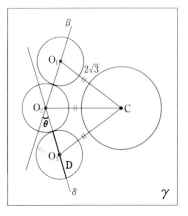

STEP6

선분 O_1O_2의 중점을 M

이라 하고

$$\angle CO_1M = \omega$$

라 하면

직각삼각형 CO_1M에서

$$\cos \omega = \frac{1}{2\sqrt{3}}, \ \sin \omega = \frac{\sqrt{11}}{2\sqrt{3}}$$

또,

$$\theta = \pi - 2\omega$$

이므로

$$\cos \theta = \cos(\pi - 2\omega)$$
$$= -\cos 2\omega$$

$$\therefore \ \cos \theta = \frac{5}{6}$$

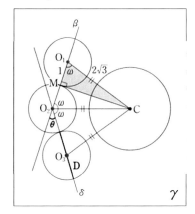

STEP7

구하는

단면 D의 평면 β 위로의 정사영의 넓이는 $\pi \times \dfrac{5}{6}$

정답 11

STEP BY STEP

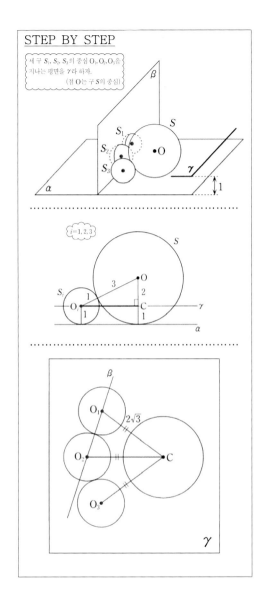

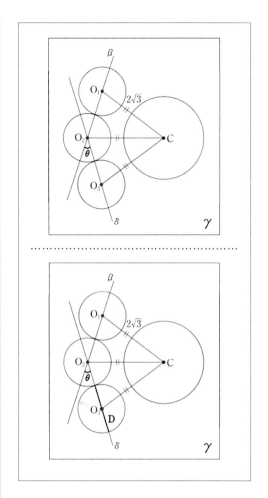

정사영의 활용 문제

| 2011학년도 수능 |

그림과 같이 중심 사이의 거리가 $\sqrt{3}$이고 반지름의 길이가 1인 두 원판과 평면 α가 있다. 각 원판의 중심을 지나는 직선 l은 두 원판의 면과 각각 수직이고, 평면 α와 이루는 각의 크기가 $60°$이다. 태양광선이 그림과 같이 평면 α에 수직인 방향으로 비출 때, 두 원판에 의해 평면 α에 생기는 그림자의 넓이는? (단, 원판의 두께는 무시한다.)

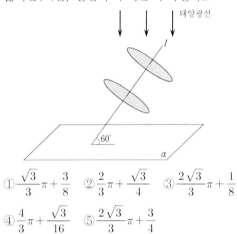

① $\dfrac{\sqrt{3}}{3}\pi + \dfrac{3}{8}$ ② $\dfrac{2}{3}\pi + \dfrac{\sqrt{3}}{4}$ ③ $\dfrac{2\sqrt{3}}{3}\pi + \dfrac{1}{8}$

④ $\dfrac{4}{3}\pi + \dfrac{\sqrt{3}}{16}$ ⑤ $\dfrac{2\sqrt{3}}{3}\pi + \dfrac{3}{4}$

| 문제 풀이 |

STEP1

직선 l을 포함하고 평면 α에 수직인 평면과 원 C_1이 만나서 생기는 지름의 한 끝점을 P라 하면

$$\overline{C_1 P} = 1, \ \overline{C_1 P} \perp l$$

이므로

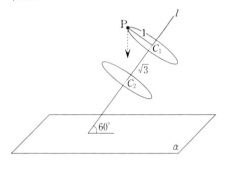

STEP2

$$\overline{PC_2} = 2$$

이고

$$\angle PC_2 C_1 = \frac{\pi}{6}$$

따라서

직선 PC_2와 직선 l이 이루는 각의

크기는 $\dfrac{\pi}{6}$

이다.

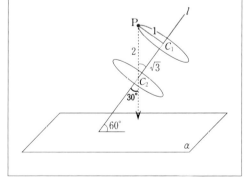

STEP3

그런데

  직선 l과 평면 α가 이루는 각의

  크기는 $\dfrac{\pi}{3}$

이므로

  직선 PC_2는 평면 α에 수직

이다.

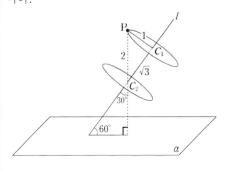

STEP4

같은 방법으로 직선 l을 포함하고 평면 α에 수직인 평면과 원 C_2가 만나서 생기는 지름의 한 끝점을 Q라 하면 직선 C_1Q도 평면 α에 수직이다.

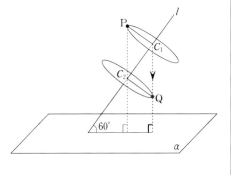

STEP5

따라서 원 C_1을 평면 α에 수직인 방향으로 평행이동하여 원 C_2와 겹치게 하면 두 원의 중심 사이의 거리는 1이므로 그 넓이는

$$\frac{\sqrt{3}}{4} \times 2 + \frac{2}{3}\pi \times 2$$

$$= \frac{\sqrt{3}}{2} + \frac{4}{3}\pi$$

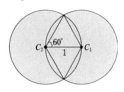

구하는

  두 원판에 의해 평면 α에 생기는 그림자의 넓이는

$$\left(\frac{\sqrt{3}}{2} + \frac{4}{3}\pi\right) \times \cos\frac{\pi}{6}$$

$$= \frac{3}{4} + \frac{2\sqrt{3}}{3}\pi$$

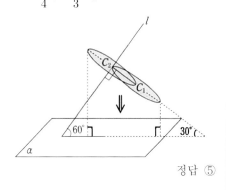

정답 ⑤

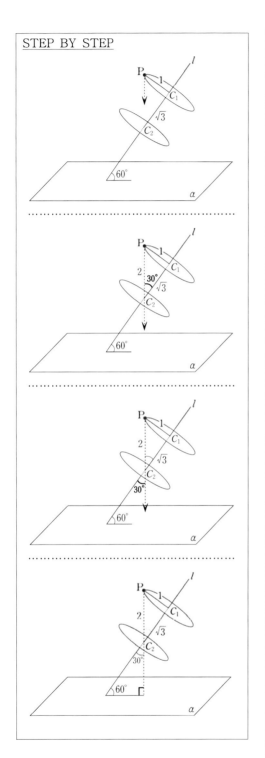

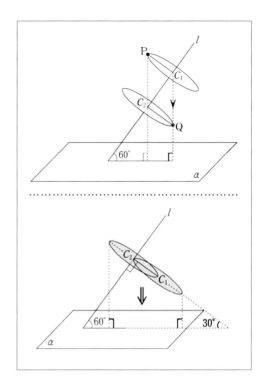

두 평면이 이루는 각

좌표공간에 있는 원기둥이 다음 조건을 만족시킨다.

(가) 높이는 8이다.
(나) 한 밑면의 중심은 원점이고 다른 밑면은 평면 $z=10$과 오직 한 점 $(0, 0, 10)$에서 만난다.

이 원기둥의 한 밑면의 평면 $z=10$ 위로의 정사영의 넓이는?

① $\dfrac{139}{5}\pi$ ② $\dfrac{144}{5}\pi$ ③ $\dfrac{149}{5}\pi$

④ $\dfrac{154}{5}\pi$ ⑤ $\dfrac{159}{5}\pi$

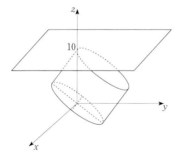

| 문제 풀이 |

STEP1

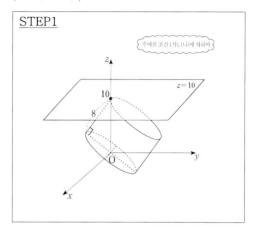

STEP2

그림과 같이 원기둥의 한 밑면을 포함하는 평면을 α라 하자.

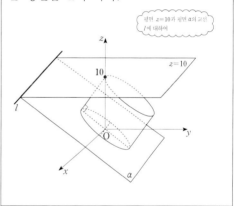

STEP3

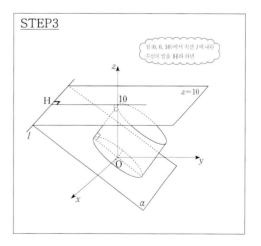

선분 OH는 직선 l에 수직

이때,

점 $(0, 0, 10)$에서 선분 OH에 그은 수선은 삼수선의 정리에 의하여 평면 α에 수직

이므로

원기둥의 높이

이다.

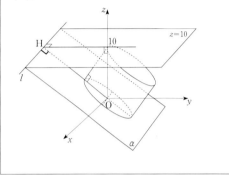

따라서

원기둥의 밑면의 반지름의 길이는

$$\sqrt{10^2 - 8^2} = 6$$

한편,

평면 α와 평면 $z = 10$이 이루는 예각의 크기를 θ라 하면 원기둥의 높이와 z축이 이루는 예각의 크기도 θ이므로

$$\cos \theta = \frac{4}{5}$$

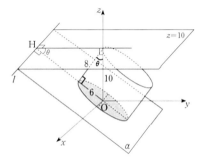

구하는

원기둥의 한 밑면의 평면 $z = 10$ 위로의 정사영의 넓이는

$$36\pi \times \frac{4}{5} = \frac{144}{5}\pi$$

정답 ②

<table>
<tr><td>공간좌표</td></tr>
<tr><td>구의 방정식</td></tr>
</table>

| 2005학년도 9월 평가원 |

좌표공간에 반구 $(x-5)^2+(y-4)^2+z^2=9$, $z \geq 0$이 있다. y축을 포함하는 평면 α가 반구와 접할 때, α와 xy평면이 이루는 각을 θ라 하자. 이때, $30\cos\theta$의 값을 구하시오.

$$\left(0 < \theta < \frac{\pi}{2}\right)$$

| 문제 풀이 |

STEP1

반구의 중심을 C라 하고 평면 α와 접하는 점을 P라 하면 선분 CP는 평면 α에 수직이다. 이때, 점 C에서 y축에 내린 수선의 발을 H라 하면 삼수선의 정리에 의하여

　선분 PH는 y축에 수직

이므로

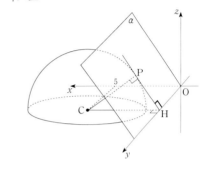

STEP2

　$\angle PHC = \theta$

이다.

　직각삼각형 CHP에서

　　$\overline{CH}=5$, $\overline{CP}=3$

　이므로

　　$\overline{PH}=4$

따라서

$$\cos\theta = \frac{\overline{PH}}{\overline{CH}} = \frac{4}{5}$$

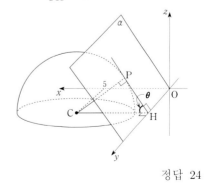

정답 24

| 2014학년도 수능 |

좌표공간에서 중심의 x좌표, y좌표, z좌표가
모두 양수인 구 S가 x축과 y축에 각각 접
하고 z축과 서로 다른 두 점에서 만난다. 구
S가 xy평면과 만나서 생기는 원의 넓이가
64π이고 z축과 만나는 두 점 사이의 거리가
8일 때, 구 S의 반지름의 길이는?

① 11   ② 12   ③ 13

④ 14   ⑤ 15

| 문제 풀이 |

STEP1
중심의 x좌표, y좌표, z좌표가 모두 양
수이고 x축과 y축에 각각 접하는 구와
xy평면이 만나서 생기는 원의 넓이는

$$\pi \times 8^2$$

이므로
  원의 중심 M의 좌표는
    $M(8, 8, 0)$
이다.

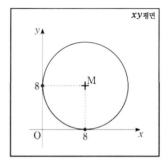

STEP2
구의 중심 C에서 xy평면에 내린 수선의
발은 구와 xy평면이 만나서 생기는 원의
중심 M이므로
  선분 CM은 z축과 평행
이때,
  z축과 서로 다른 두 점에서 만나는
  구에 대하여

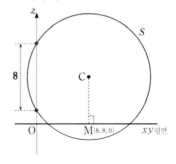

구의 중심 C에서 z축에 내린 수선의 발
을 H라 하면
$$\overline{CH} = \overline{OM}$$
따라서
  구의 반지름의 길이를 r이라
  하면
$$\sqrt{r^2 - 4^2} = 8\sqrt{2}$$
이므로
  $r = 12$

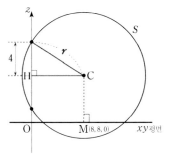

정답 ②

TIP
중심의 x좌표, y좌표, z좌표가 모두 양
수이고 x축과 y축에 각각 접하는 구의
방정식은
$$(x-a)^2 + (y-a)^2 + (z-c)^2 = a^2 + c^2$$
$$(a > 0, c > 0)$$
이다.

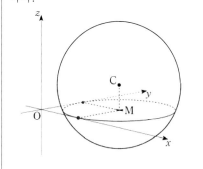

구의 방정식

| 2013학년도 9월 평가원 |

좌표공간에서

구 $S: (x-1)^2 + (y-1)^2 + (z-1)^2 = 4$ 위를 움직이는 점 P가 있다. 점 P에서 구 S에 접하는 평면이 구 $x^2 + y^2 + z^2 = 16$과 만나서 생기는 도형의 넓이의 최댓값은 $(a + b\sqrt{3})\pi$이다. $a + b$의 값을 구하시오.

(단, a, b는 자연수이다.)

| 문제 풀이 |

STEP1

구 $x^2 + y^2 + z^2 = 16$의 중심 원점 O와 구 S의 중심 C 사이의 거리는

$$\overline{OC} = \sqrt{3}$$

이므로

두 구의 위치 관계는 아래 그림과 같다.

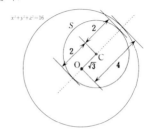

STEP2

구 S 위의 점 P에서 구 S에 접하는 평면이

구 $x^2 + y^2 + z^2 = 16$과 만나서 생기는 원의 중심을 M

이라 하면

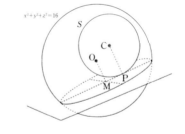

STEP3

원 M의 반지름의 길이는

$$\sqrt{4^2-\overline{OM}^2}$$

이다.

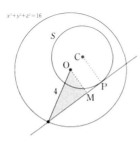

TIP

서로 평행한 두 선분 OM, CP를 포함하는 평면 위의 단면도

STEP4

점 P가 그림과 같이 원의 중심 M과 일치할 때

선분 OM의 길이는 최소

이므로

원 M의 반지름의 길이의 최댓값은

$$\sqrt{4^2-\left(\overline{CP}-\overline{OC}\right)^2}$$
$$=\sqrt{4^2-\left(2-\sqrt{3}\right)^2}$$

이다.

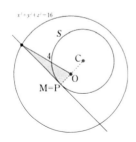

STEP5

따라서

원 M의 넓이의 최댓값은

$$\pi\times\left\{4^2-\left(2-\sqrt{3}\right)^2\right\}$$
$$=\pi\times\left(9+4\sqrt{3}\right)$$

이므로

정답 13

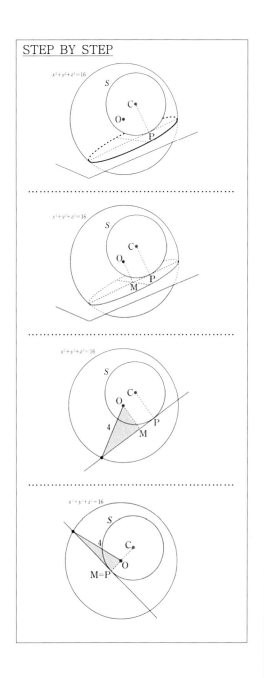

| 공간좌표 |
| 구의 방정식 |

| 2010학년도 수능 |

좌표공간에서 x축을 포함하고 xy평면과 이루는 각의 크기가 $\theta\left(0<\theta<\dfrac{\pi}{2}\right)$인 평면을 α라 하자. 평면 α가 구 $x^2+y^2+z^2=1$과 만나서 생기는 도형의 xy평면 위로의 정사영이 영역 $\{(x,\,y,\,0)\,|\,x+3y-2\le 0\}$에 포함되도록 하는 θ에 대하여 $\cos\theta$의 최댓값을 M이라 하자. $60M^2$의 값을 구하시오.

| 문제 풀이 |

STEP1

평면 α와 xy평면의 교선 x축 위의 원점 O를 지나 각 면 위에서 x축에 수직인 직선을 그으면 그림과 같이 두 평면이 이루는 각을 작도할 수 있다. 이때, 구 $x^2+y^2+z^2=1$과 평면 α가 만나서 생기는 원 C에 대하여

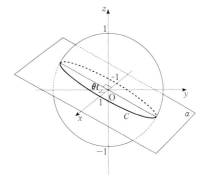

TIP

원 C의 중심은 원점 O이고 반지름의 길이는 1이다.

STEP2

x축에 수직인 원 C의 지름의 양 끝점에서 y축에 그은 수선은 삼수선의 정리에 의하여

　xy평면에 수직

이므로

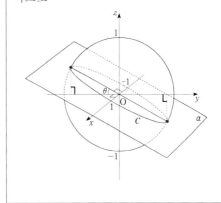

STEP3

x축에 수직인 원 C의 지름의 양 끝점의 xy평면 위로의 정사영의 좌표는
$$(0, \cos\theta, 0)$$
이고
$$(0, -\cos\theta, 0)$$
이다.

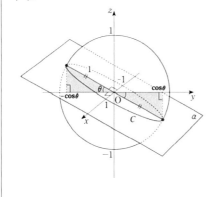

STEP4

따라서

원 C의 xy평면 위로의 정사영의 방정식은
$$x^2 + \frac{y^2}{\cos^2\theta} = 1,\ z = 0$$

이므로

영역 $\{(x, y, 0)\,|\,x + 3y - 2 \leq 0\}$에 포함되도록 하는 θ

에 대하여

그림과 같이 직선 $x + 3y - 2 = 0$에 접할 때 $\cos\theta$의 값은 최대

이다.

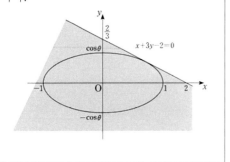

STEP5

타원 $x^2 + \dfrac{y^2}{\cos^2\theta} = 1$에 접하고 기울기가 $-\dfrac{1}{3}$인 직선의 방정식은
$$y = -\frac{1}{3}x \pm \sqrt{1^2 \times \left(-\frac{1}{3}\right)^2 + \cos^2\theta}$$

따라서
$$\sqrt{1^2 \times \left(-\frac{1}{3}\right)^2 + M^2} = \frac{2}{3}$$

에서
$$M^2 = \frac{1}{3}$$

정답 20

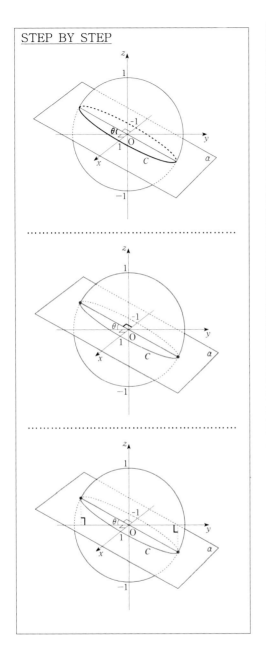

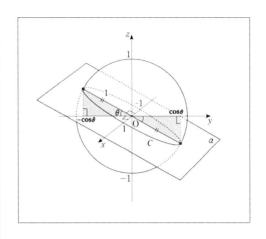

| 2011학년도 9월 평가원 |

평면에서 그림과 같이 $\overline{AB}=1$이고 $\overline{BC}=\sqrt{3}$ 인 직사각형 ABCD와 정삼각형 EAD가 있다. 점 P가 선분 AE 위를 움직일 때, 옳은 것만을 [보기]에서 있는 대로 고른 것은?

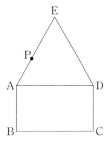

ㄱ. $|\overrightarrow{CB}-\overrightarrow{CP}|$의 최솟값은 1이다.
ㄴ. $\overrightarrow{CA} \cdot \overrightarrow{CP}$의 값은 일정하다.
ㄷ. $|\overrightarrow{DA}+\overrightarrow{CP}|$의 최솟값은 $\dfrac{7}{2}$이다.

① ㄱ   ② ㄷ   ③ ㄱ, ㄴ
④ ㄴ, ㄷ   ⑤ ㄱ, ㄴ, ㄷ

| 문제 풀이 |

ㄱ.

STEP1

$$|\overrightarrow{CB}-\overrightarrow{CP}|=|\overrightarrow{PB}|$$
이므로

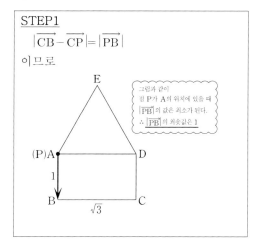

그림과 같이
점 P가 A의 위치에 있을 때
$|\overrightarrow{PB}|$의 값은 최소가 된다.
∴ $|\overrightarrow{PB}|$의 최솟값은 1

ㄴ.

STEP1

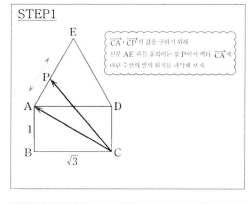

$\overrightarrow{CA} \cdot \overrightarrow{CP}$의 값을 구하기 위해
선분 AE 위를 움직이는 점 P에서 벡터 $\overrightarrow{CA}$에
내린 수선의 발의 위치를 파악해 보자.

STEP2

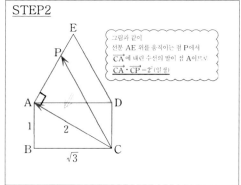

그림과 같이
선분 AE 위를 움직이는 점 P에서
$\overrightarrow{CA}$에 내린 수선의 발이 점 A이므로
$\overrightarrow{CA} \cdot \overrightarrow{CP}=2$ (일정)

ㄷ.

STEP1

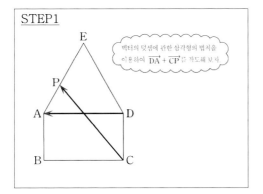

벡터의 덧셈에 관한 삼각형의 법칙을
이용하여 $\overrightarrow{DA}+\overrightarrow{CP}$ 을 작도해 보자.

STEP2

직사각형 ABCD와 합동인 직사각형
DCFG를 만들면
그림과 같이 $\overrightarrow{CP}$ 의 시점에 $\overrightarrow{DA}$ 의 종점을
옮길 수 있다. ∴ $\overrightarrow{DA}+\overrightarrow{CP}=\overrightarrow{FC}+\overrightarrow{CP}$

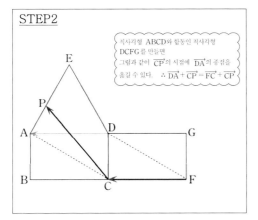

STEP3

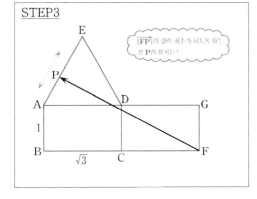

$|\overrightarrow{FP}|$ 의 값이 최소가 되도록 하
는 P의 위치는?

STEP4

$\overrightarrow{FP}$ 가 정삼각형 EAD의 꼭짓점 D를 지날 때
∠PDA=∠DFC=∠ACB=30°이므로
그림과 같이 $\overrightarrow{FP}$ 는 선분 AE에 수직
∴ $|\overrightarrow{FP}|$ 의 값은 최소가 된다.

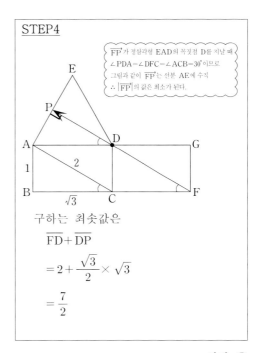

구하는 최솟값은

$\overline{FD}+\overline{DP}$

$= 2 + \dfrac{\sqrt{3}}{2} \times \sqrt{3}$

$= \dfrac{7}{2}$

정답 ⑤

내적 문제 해결 능력

| 2010년 11월 교육청 |
그림과 같이 점 O를 중심으로 하고, 길이가 3인 선분 AB를 지름으로 하는 반원이 있다. 이 반원의 내부에 $\overline{AC}=1$인 점 C를 잡고, △ABC의 내접원의 중심을 O'이라 하자. 선분 AO'의 연장선과 선분 BC의 교점을 N, 반원과의 교점을 P라 하고, 선분 BC의 중점을 M, 선분 AM의 연장선과 선분 BP의 교점을 Q라 하자. 옳은 것만을 [보기]에서 있는 대로 고른 것은?

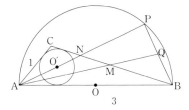

ㄱ. $\overrightarrow{AN} \cdot \overrightarrow{BQ} = 0$

ㄴ. $\overrightarrow{AN} = \dfrac{1}{4}\overrightarrow{AB} + \dfrac{3}{4}\overrightarrow{AC}$

ㄷ. $2\overrightarrow{AQ} = 3\overrightarrow{AM}$

① ㄱ ② ㄱ, ㄴ ③ ㄱ, ㄷ
④ ㄴ, ㄷ ⑤ ㄱ, ㄴ, ㄷ

| 문제 풀이 |

ㄱ.

STEP1

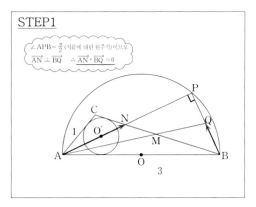

$\angle APB = \dfrac{\pi}{2}$ (지름에 대한 원주각)이므로
$\overrightarrow{AN} \perp \overrightarrow{BQ}$ $\therefore \overrightarrow{AN} \cdot \overrightarrow{BQ} = 0$

ㄴ.

STEP1

삼각형 ABC에서
   선분 AN은 ∠CAB의 이등분선
이므로
   $\overline{AC} : \overline{AB} = \overline{NC} : \overline{NB}$
즉,
   $\overline{NC} : \overline{NB} = 1 : 3$
따라서
   $\overrightarrow{AN} = \dfrac{\overrightarrow{AB} + 3\overrightarrow{AC}}{4}$

STEP1

$$\overrightarrow{AN} \cdot \overrightarrow{BQ} = 0$$

에서

$$\overrightarrow{AN} \cdot (\overrightarrow{AQ} - \overrightarrow{AB}) = 0$$

이때,

$$\overrightarrow{AN} = \frac{\overrightarrow{AB} + 3\overrightarrow{AC}}{4}$$

를 대입하면

$$\frac{\overrightarrow{AB} + 3\overrightarrow{AC}}{4} \cdot (\overrightarrow{AQ} - \overrightarrow{AB}) = 0$$

TIP1

$$\frac{\overrightarrow{AB} + 3\overrightarrow{AC}}{4} \cdot (t\overrightarrow{AM} - \overrightarrow{AB}) = 0$$

TIP2

$$\frac{\overrightarrow{AB} + 3\overrightarrow{AC}}{4} \cdot \left(t \times \frac{\overrightarrow{AB} + \overrightarrow{AC}}{2} - \overrightarrow{AB}\right) = 0$$

정리하면

$$(2t - 3)(\overrightarrow{AB} \cdot \overrightarrow{AC} + 3) = 0$$

TIP3

$$t = \frac{3}{2}$$

따라서

$$\overrightarrow{AQ} = \frac{3}{2}\overrightarrow{AM}$$

정답 ⑤

TIP1

세 점 A, M, Q가 한 직선 위에 있으므로
$\overrightarrow{AQ} = t\overrightarrow{AM}$ $(t > 1)$

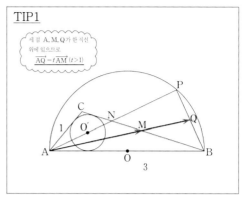

TIP2

선분 BC의 중점이 M이므로
$\overrightarrow{AM} = \dfrac{\overrightarrow{AB} + \overrightarrow{AC}}{2}$

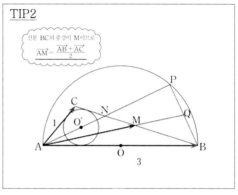

TIP3

두 벡터 $\overrightarrow{AB}$, $\overrightarrow{AC}$가 이루는 각이
예각이므로 $\overrightarrow{AB} \cdot \overrightarrow{AC} > 0$

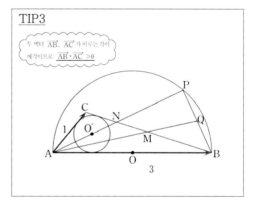

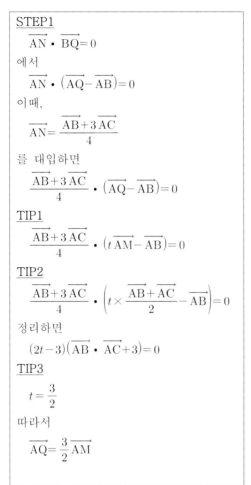

벡터의 종점이 나타내는 영역

| 2009학년도 사관학교 |

그림과 같이 $\overline{OA}=3$, $\overline{OB}=2$, $\angle AOB=30°$ 인 삼각형 OAB가 있다. 연립부등식 $3x+y \geq 2$, $x+y \leq 2$, $y \geq 0$을 만족시키는 x, y에 대하여 벡터 $\overrightarrow{OP}=x\overrightarrow{OA}+y\overrightarrow{OB}$의 종점 P가 존재하는 영역의 넓이를 S라 할 때, S^2의 값을 구하시오.

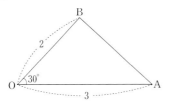

| 문제 풀이 |

STEP1

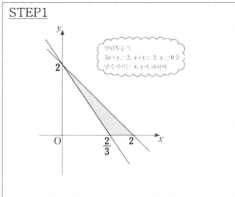

STEP2

$3x+y \geq 2$

에서

$$\frac{3}{2}x + \frac{1}{2}y \geq 1$$

이므로

$$\overrightarrow{OP} = x\overrightarrow{OA} + y\overrightarrow{OB}$$
$$= \frac{3}{2}x\left(\frac{2}{3}\overrightarrow{OA}\right) + \frac{1}{2}y\left(2\overrightarrow{OB}\right)$$

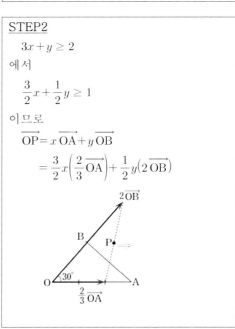

<u>STEP3</u>

$x + y \leq 2$

에서

$\dfrac{1}{2}x + \dfrac{1}{2}y \leq 1$

이므로

$\overrightarrow{OP} = x\,\overrightarrow{OA} + y\,\overrightarrow{OB}$

$\qquad = \dfrac{1}{2}x\left(2\,\overrightarrow{OA}\right) + \dfrac{1}{2}y\left(2\,\overrightarrow{OB}\right)$

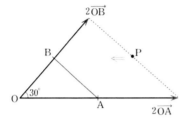

<u>STEP4</u>

따라서

S의 값은

$\dfrac{1}{2} \times 2|\overrightarrow{OA}| \times 2|\overrightarrow{OB}|\sin 30°$

$\qquad - \dfrac{1}{2} \times \dfrac{2}{3}|\overrightarrow{OA}| \times 2|\overrightarrow{OB}|\sin 30°$

$\quad = 4$

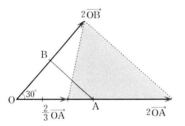

정답 16

벡터의 내적의 정의

| 2010학년도 수능 |

평면에서 그림의 오각형 ABCDE가

$\overrightarrow{AB}=\overrightarrow{BC}$, $\overrightarrow{AE}=\overrightarrow{ED}$, $\angle B=\angle E=90°$

를 만족시킬 때, 옳은 것만을 [보기]에서 있는 대로 고른 것은?

ㄱ. 선분 BE의 중점 M에 대하여
$\overrightarrow{AB}+\overrightarrow{AE}$와 $\overrightarrow{AM}$은 서로 평행하다.

ㄴ. $\overrightarrow{AB}\cdot\overrightarrow{AE}=-\overrightarrow{BC}\cdot\overrightarrow{ED}$

ㄷ. $|\overrightarrow{BC}+\overrightarrow{ED}|=|\overrightarrow{BE}|$

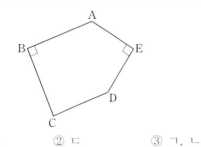

① ㄱ   ② ㄷ   ③ ㄱ, ㄴ

④ ㄴ, ㄷ   ⑤ ㄱ, ㄴ, ㄷ

| 문제 풀이 |

ㄱ.

STEP1

$$\overrightarrow{AM}=\frac{\overrightarrow{AB}+\overrightarrow{AE}}{2}$$

이므로

$$\overrightarrow{AB}+\overrightarrow{AE}//\overrightarrow{AM}$$

ㄴ.

STEP1

$\overrightarrow{AB}$, $\overrightarrow{AE}$가 이루는 각의 크기를 θ라 하면

$$\overrightarrow{AB}\cdot\overrightarrow{AE}=|\overrightarrow{AB}||\overrightarrow{AE}|\cos\theta$$

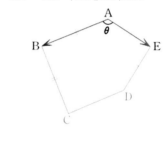

STEP2

$\overrightarrow{BC}$, $\overrightarrow{ED}$가 이루는 각을 파악하기 위해 그림과 같이 두 선분 BC, ED의 연장선의 교점을 F라 하면

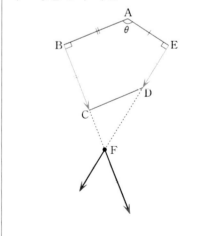

STEP3

사각형 ABFE에서

$$\angle F = \pi - \theta$$

이므로

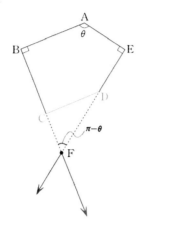

STEP4

$$\overrightarrow{BC} \cdot \overrightarrow{ED}$$
$$= |\overrightarrow{BC}||\overrightarrow{ED}|\cos(\pi - \theta)$$
$$= -|\overrightarrow{BC}||\overrightarrow{ED}|\cos\theta$$

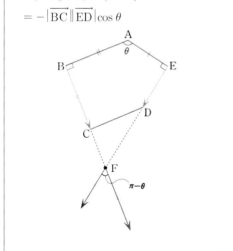

STEP5

그런데

$$\overline{AB} = \overline{BC}, \ \overline{AE} = \overline{ED}$$

이므로

$$\overrightarrow{AB} \cdot \overrightarrow{AE} = -\overrightarrow{BC} \cdot \overrightarrow{ED}$$

ㄷ.

STEP1

$$|\overrightarrow{BC} + \overrightarrow{ED}|^2$$
$$= |\overrightarrow{BC}|^2 + |\overrightarrow{ED}|^2 + 2(\overrightarrow{BC} \cdot \overrightarrow{ED})$$

이고

$$|\overrightarrow{BE}|^2 = |\overrightarrow{AE} - \overrightarrow{AB}|^2$$
$$= |\overrightarrow{AE}|^2 + |\overrightarrow{AB}|^2 - 2(\overrightarrow{AE} \cdot \overrightarrow{AB})$$

그런데

$$\overline{AB} = \overline{BC}, \ \overline{AE} = \overline{ED}$$
$$\overrightarrow{AB} \cdot \overrightarrow{AE} = -\overrightarrow{BC} \cdot \overrightarrow{ED}$$

이므로

$$|\overrightarrow{BC} + \overrightarrow{ED}|^2 = |\overrightarrow{BE}|^2$$

따라서

$$|\overrightarrow{BC} + \overrightarrow{ED}| = |\overrightarrow{BE}|$$

정답 ⑤

벡터의 내적의 기하학적 의미

| 2013학년도 수능 |

한 변의 길이가 2인 정삼각형 ABC의 꼭짓점 A에서 변 BC에 내린 수선의 발을 H라 하자. 점 P가 선분 AH 위를 움직일 때, $|\overrightarrow{PA} \cdot \overrightarrow{PB}|$의 최댓값은 $\dfrac{q}{p}$이다. $p+q$의 값을 구하시오. (단, p와 q는 서로소인 자연수이다.)

| 문제 풀이 |

STEP1

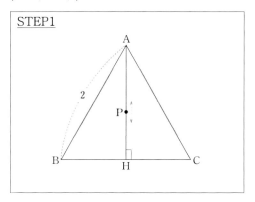

STEP2

점 P가 점 A와 일치할 때
$\overrightarrow{PA}$는 영벡터
이므로
$$|\overrightarrow{PA} \cdot \overrightarrow{PB}| = 0$$

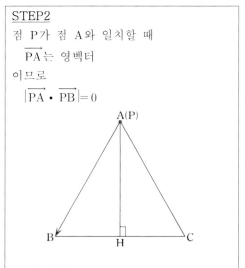

STEP3

점 P가 점 H와 일치할 때
$\overrightarrow{PA} \perp \overrightarrow{PB}$
이므로
$$|\overrightarrow{PA} \cdot \overrightarrow{PB}| = 0$$

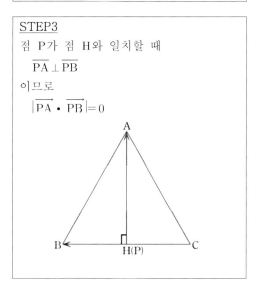

점 P가 두 점 A와 H 사이에 있을 때 $\overrightarrow{PA}$, $\overrightarrow{PB}$가 이루는 각은 둔각이고 점 B에서 $\overrightarrow{PA}$의 연장선에 내린 수선의 발은 H이므로

$$\overrightarrow{PA} \cdot \overrightarrow{PB} = -\overline{PA} \times \overline{PH}$$

따라서

$$|\overrightarrow{PA} \cdot \overrightarrow{PB}| = \overline{PA} \times \overline{PH}$$

그런데

$$\overline{PA} > 0, \ \overline{PH} > 0, \ \overline{PA} + \overline{PH} = \frac{\sqrt{3}}{2} \times 2$$

이므로

산술평균과 기하평균의 관계에 의하여

$$|\overrightarrow{PA} \cdot \overrightarrow{PB}| \leq \frac{3}{4}$$

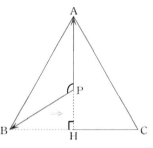

STEP5

구하는

$$|\overrightarrow{PA} \cdot \overrightarrow{PB}|$$의 최댓값은 $\frac{3}{4}$

이다.

정답 7

TIP

$\overrightarrow{OA}$, $\overrightarrow{OB}$가 이루는 각이 예각일 때 점 B에서 $\overrightarrow{OA}$에 내린 수선의 발을 H라 하면

$$\overrightarrow{OA} \cdot \overrightarrow{OB} = \overline{OH} \times \overline{OA}$$

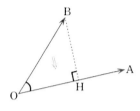

....

$\overrightarrow{OA}$, $\overrightarrow{OB}$가 이루는 각이 둔각일 때 점 B에서 $\overrightarrow{OA}$의 연장선에 내린 수선의 발을 H라 하면

$$\overrightarrow{OA} \cdot \overrightarrow{OB} = -\overline{OH} \times \overline{OA}$$

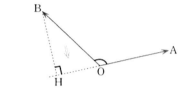

벡터의 내적의 기하학적 의미

| 2011학년도 수능 |

그림과 같이 평면 위에 정삼각형 ABC와 선분 AC를 지름으로 하는 원 O가 있다. 선분 BC 위의 점 D를 $\angle DAB = \dfrac{\pi}{15}$가 되도록 정한다. 점 X가 원 O 위를 움직일 때, 두 벡터 $\overrightarrow{AD}$, $\overrightarrow{CX}$의 내적 $\overrightarrow{AD} \cdot \overrightarrow{CX}$의 값이 최소가 되도록 하는 점 X를 점 P라 하자. $\angle ACP = \dfrac{q}{p}\pi$일 때, $p+q$의 값을 구하시오.

(단, p와 q는 서로소인 자연수이다.)

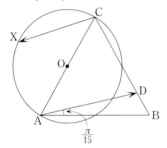

| 문제 풀이 |

STEP1

점 A를 시점으로 하는 위치벡터로 정리하면

$$\overrightarrow{AD} \cdot \overrightarrow{CX}$$
$$= \overrightarrow{AD} \cdot (\overrightarrow{AX} - \overrightarrow{AC})$$
$$= \overrightarrow{AD} \cdot \overrightarrow{AX} - \overrightarrow{AD} \cdot \overrightarrow{AC}$$

STEP2

점 C에서 $\overrightarrow{AD}$에 내린 수선의 발을 I라 하면

$$\overrightarrow{AD} \cdot \overrightarrow{AC} = \overline{AI} \times \overline{AD}\,(일정)$$

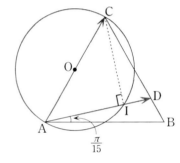

STEP3

$\overrightarrow{AD} \cdot \overrightarrow{AX}$의 값이 최소가 되도록 하는 점 X의 위치는?

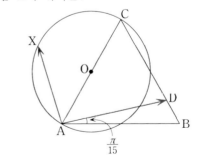

STEP4

그림과 같이 원의 중심 O를 지나고 $\overrightarrow{AD}$ 에 평행한 점선을 그었을 때 점선과 원이 만나는 점에서 $\overrightarrow{AD}$의 연장선에 내린 수선의 발을 H라 하면

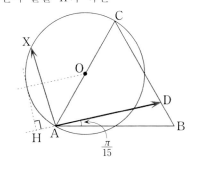

STEP5

점 X가 그림과 같이 원에 접하는 점일 때

$\overrightarrow{AD} \cdot \overrightarrow{AX}$의 값은 최소

이다.

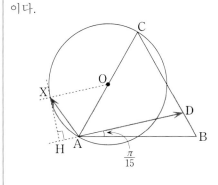

STEP6

구하는

$$\angle ACP = \theta$$

라 하면

$$\angle AOP = 2\theta$$

그런데

$$\overline{AD} // \overline{OP}$$

이므로

$$\angle OAD = 2\theta$$

이때,

정삼각형 ABC에서

$$\angle OAD + \angle DAB = \frac{\pi}{3}$$

따라서

$$\theta = \frac{2}{15}\pi$$

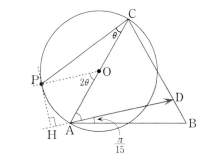

정답 17

65

STEP BY STEP

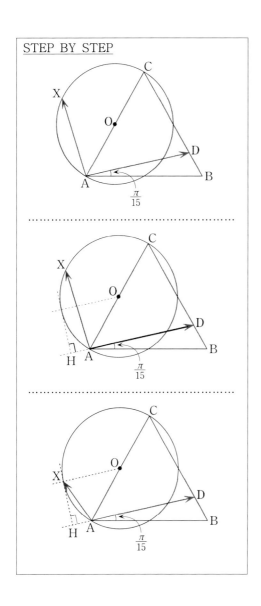

벡터의 내적
벡터의 내적의 기하학적 의미

| 2015학년도 사관학교 |

한 변의 길이가 4인 정사각형 ABCD에서 변 AB와 변 AD에 모두 접하고 점 C를 지나는 원을 O라 하자. 원 O 위를 움직이는 점 X에 대하여 두 벡터 $\overrightarrow{AB}$, $\overrightarrow{CX}$의 내적 $\overrightarrow{AB} \cdot \overrightarrow{CX}$의 최댓값은 $a - b\sqrt{2}$이다. $a + b$의 값을 구하시오. (단, a와 b는 자연수이다.)

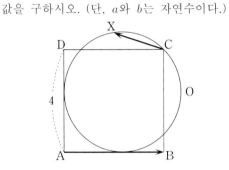

| 문제 풀이 |

STEP1

점 A를 시점으로 하는 위치벡터로 정리하면

$$\overrightarrow{AB} \cdot \overrightarrow{CX}$$
$$= \overrightarrow{AB} \cdot (\overrightarrow{AX} - \overrightarrow{AC})$$
$$= \overrightarrow{AB} \cdot \overrightarrow{AX} - \overrightarrow{AB} \cdot \overrightarrow{AC}$$

STEP2

점 C에서 $\overrightarrow{AB}$에 내린 수선의 발은 B 이므로

$$\overrightarrow{AB} \cdot \overrightarrow{AC} = |\overrightarrow{AB}|^2$$

따라서

$$\overrightarrow{AB} \cdot \overrightarrow{AC} = 16$$

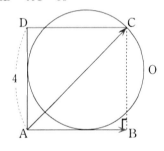

STEP3

$\overrightarrow{AB} \cdot \overrightarrow{AX}$의 값이 최대가 되도록 하는 점 X의 위치는?

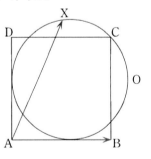

STEP4

그림과 같이 원의 중심 O를 지나고 $\overrightarrow{AB}$에 평행한 점선을 그었을 때 점선과 원이 만나는 점에서 $\overrightarrow{AB}$의 연장선에 내린 수선의 발을 H라 하면

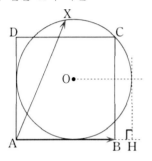

STEP5

점 X가 그림과 같이 원에 접하는 점일 때

$$\overrightarrow{AB} \cdot \overrightarrow{AX}$$의 값은 최대

이고

그 값은 $\overline{AB} \times \overline{AH}$

이다.

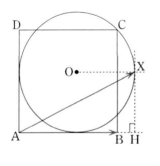

STEP6

$$\overline{OC} = r(원의 \ 반지름의 \ 길이)$$

라 하면

$$\overline{OA} = \sqrt{2}\,r$$

그런데

$$\overrightarrow{OA} + \overrightarrow{OC} = \overrightarrow{AC}$$

이므로

$$\sqrt{2}\,r + r = 4\sqrt{2}$$

$$\therefore r = 8 - 4\sqrt{2}$$

따라서

$$\overline{AH} = 2 \times r$$

$$= 16 - 8\sqrt{2}$$

이다.

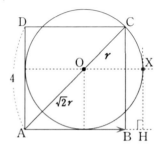

STEP7

구하는

$$\overrightarrow{AB} \cdot \overrightarrow{CX}$$의 최댓값은

$$\overrightarrow{AB} \cdot \overrightarrow{AX}$$의 최댓값

$$- \overrightarrow{AB} \cdot \overrightarrow{AC}$$의 값

$$= \overline{AB} \times \overline{AH} - 16$$

$$= 4 \times (16 - 8\sqrt{2}) - 16$$

$$= 48 - 32\sqrt{2}$$

정답 80

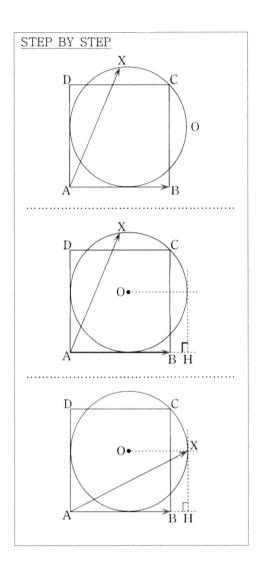

벡터의 내적의 기하학적 의미

| 2017학년도 6월 평가원 |

그림과 같이 선분 AB 위에 $\overline{AE}=\overline{DB}=2$인 두 점 D, E가 있다. 두 선분 AE, DB를 각각 지름으로 하는 두 반원의 호 AE, DB가 만나는 점을 C라 하고, 선분 AB 위에 $\overline{O_1A}=\overline{O_2B}=1$인 두 점을 O_1, O_2라 하자. 호 AC 위를 움직이는 점 P와 호 DC 위를 움직이는 점 Q에 대하여 $|\overrightarrow{O_1P}+\overrightarrow{O_2Q}|$의 최솟값이 $\frac{1}{2}$일 때, 선분 AB의 길이는 $\frac{q}{p}$이다. $p+q$의 값을 구하시오. (단, $1<\overline{O_1O_2}<2$이고, p와 q는 서로소인 자연수이다.)

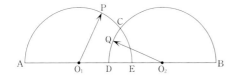

| 문제 풀이 |

STEP1

서로 합동인 두 반원에 대하여 호 DC를 그림과 같이 호 AF의 위치로 평행이동하면 $\overrightarrow{O_1P}$의 시점에 $\overrightarrow{O_2Q}$의 시점을 옮길 수 있다. 이때, 평행이동한 벡터의 종점을 R이라 하면

$$\overrightarrow{O_1P}+\overrightarrow{O_2Q}=\overrightarrow{O_1P}+\overrightarrow{O_1R}$$

이다.

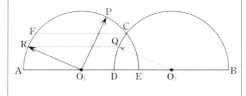

STEP2

$|\overrightarrow{O_1P}+\overrightarrow{O_2Q}|$의 최솟값은 $\frac{1}{2}$

이므로

$$|\overrightarrow{O_1P}+\overrightarrow{O_2Q}|^2 \geq \frac{1}{4}$$

그런데

$$|\overrightarrow{O_1P}+\overrightarrow{O_2Q}|^2$$
$$=|\overrightarrow{O_1P}+\overrightarrow{O_1R}|^2$$
$$=|\overrightarrow{O_1P}|^2+|\overrightarrow{O_1R}|^2+2(\overrightarrow{O_1P}\cdot\overrightarrow{O_1R})$$
$$=2+2(\overrightarrow{O_1P}\cdot\overrightarrow{O_1R})$$

따라서

$$\overrightarrow{O_1P}\cdot\overrightarrow{O_1R}의\ 최솟값은\ -\frac{7}{8}$$

이다.

STEP3

그림과 같이 점 P가 점 C와 일치하고
점 R은 점 A와 일치할 때
$\overrightarrow{O_1P}$, $\overrightarrow{O_1R}$이 이루는 각의 크기는 최대
이므로
$\overrightarrow{O_1P} \cdot \overrightarrow{O_1R}$의 값은 최소
이다.

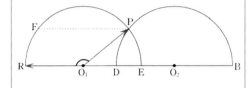

STEP4

이때, 점 P에서 $\overrightarrow{O_1R}$의 연장선에 내린
수선의 발을 H라 하면
$$\overrightarrow{O_1P} \cdot \overrightarrow{O_1R} = -\overline{O_1R} \times \overline{O_1H}$$
이므로
$$-\overline{O_1R} \times \overline{O_1H} = -\frac{7}{8}$$
$$\therefore \overline{O_1H} = \frac{7}{8}$$

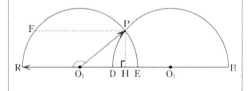

STEP5

구하는
선분 AB의 길이는
$$2 \times \overline{RH}$$
$$= 2 \times (\overline{O_1R} + \overline{O_1H})$$
$$= 2 \times \left(1 + \frac{7}{8}\right)$$
이다.

정답 19

STEP BY STEP

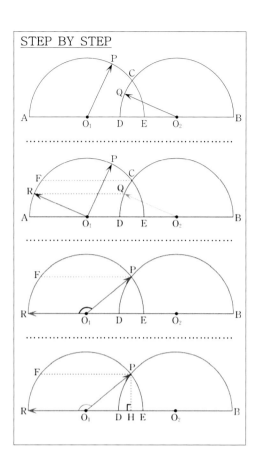

벡터의 내적

선분의 중점의 위치벡터를 이용

| 2017학년도 사관학교 |

그림과 같이 반지름의 길이가 5인 원 C와 원 C 위의 점 A에서의 접선 l이 있다. 원 C 위의 점 P와 $\overline{AB}=24$를 만족시키는 직선 l 위의 점 B에 대하여 $\overrightarrow{PA} \cdot \overrightarrow{PB}$의 최댓값을 구하시오.

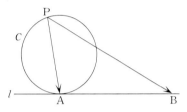

| 문제 풀이 |

STEP1

선분 AB의 중점 M에 대하여

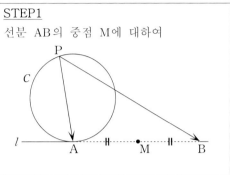

STEP2

$$\overrightarrow{PA} \cdot \overrightarrow{PB}$$
$$= (\overrightarrow{PM}+\overrightarrow{MA}) \cdot (\overrightarrow{PM}+\overrightarrow{MB})$$

그런데

$$\overrightarrow{MB}= -\overrightarrow{MA}$$

이므로

$$\overrightarrow{PA} \cdot \overrightarrow{PB}$$
$$= (\overrightarrow{PM}+\overrightarrow{MA}) \cdot (\overrightarrow{PM}-\overrightarrow{MA})$$
$$= |\overrightarrow{PM}|^2 - |\overrightarrow{MA}|^2$$

이다.

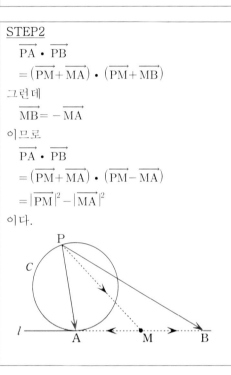

STEP3

$$|\overrightarrow{MA}|= 12$$

이므로

$|\overrightarrow{PM}|$의 값이 최대가 되도록 하는 점 P의 위치는?

STEP4

원 C의 중심을 O라 하면 그림과 같이 세 점 P, O, M이 한 직선 위에 있을 때 $|\overrightarrow{PM}|$의 값은 최대이다.

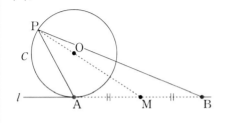

STEP5

$|\overrightarrow{PM}|$의 최댓값은

$$\overline{OP} + \overline{OM}$$

$$= \overline{OP} + \sqrt{\overline{OA}^2 + \overline{AM}^2}$$

$$= 18$$

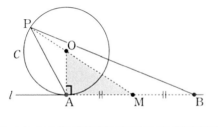

STEP6

따라서

$\overrightarrow{PA} \cdot \overrightarrow{PB}$의 최댓값은

$$324 - 144$$

정답 180

STEP BY STEP

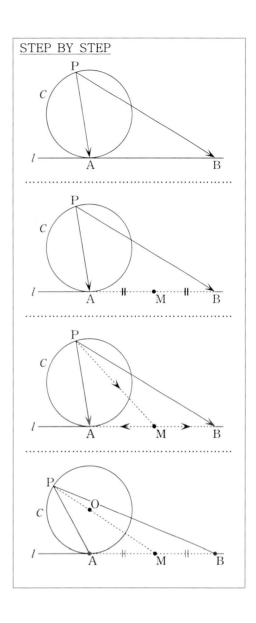

벡터의 내적

내적 문제 해결 능력

| 2018학년도 6월 평가원 |
좌표평면에서 중심이 O이고 반지름의 길이가 1인 원 위의 한 점을 A, 중심이 O이고 반지름의 길이가 3인 원 위의 한 점을 B라 할 때, 점 P가 다음 조건을 만족시킨다.

(가) $\overrightarrow{OB} \cdot \overrightarrow{OP} = 3\overrightarrow{OA} \cdot \overrightarrow{OP}$

(나) $|\overrightarrow{PA}|^2 + |\overrightarrow{PB}|^2 = 20$

$\overrightarrow{PA} \cdot \overrightarrow{PB}$의 최솟값은 m이고 이때 $|\overrightarrow{OP}| = k$이다. $m + k^2$의 값을 구하시오.

STEP1

벡터의 내적에 관한 등식

$$|\overrightarrow{PA} - \overrightarrow{PB}|^2$$
$$= |\overrightarrow{PA}|^2 + |\overrightarrow{PB}|^2 - 2\overrightarrow{PA} \cdot \overrightarrow{PB}$$

에서

$$|\overrightarrow{BA}|^2 = 20 - 2\overrightarrow{PA} \cdot \overrightarrow{PB}$$

이므로

$$\overrightarrow{PA} \cdot \overrightarrow{PB} = 10 - \frac{1}{2}|\overrightarrow{BA}|^2$$

따라서

그림과 같이 세 점 A, O, B가 한 직선 위에 있을 때 $|\overrightarrow{BA}|$의 값은 최대

이고

그 값은 4

이므로

$\overrightarrow{PA} \cdot \overrightarrow{PB}$의 최솟값은 2

이다.

$$m = 2$$

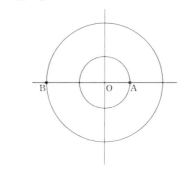

이때,

$$\overrightarrow{OA} = -\frac{1}{3}\overrightarrow{OB}$$

를

$$\overrightarrow{OB} \cdot \overrightarrow{OP} = 3\overrightarrow{OA} \cdot \overrightarrow{OP}$$

에 대입하면

$$\overrightarrow{OB} \cdot \overrightarrow{OP} = 0$$

따라서

$$|\overrightarrow{PA}|^2 = k^2 + 1$$

이고

$$|\overrightarrow{PB}|^2 = k^2 + 9$$

이므로

$$(k^2 + 1) + (k^2 + 9) = 20$$

$$\therefore k^2 = 5$$

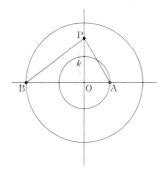

정답 7

$$\overrightarrow{OA'} = 3\overrightarrow{OA}$$

라 하면
  점 P가 나타내는 도형은 선분 A′B
  의 수직이등분선
이다.

| 문제 풀이 |

| 2014학년도 9월 평가원 |

좌표공간에서

구 $(x-1)^2+(y-2)^2+(z-1)^2=6$과

구 $x^2+y^2+z^2+6x+2ay+2bz=0$이 원점에서

서로 접할 때, $a+b$의 값은?

(단, a, b는 상수이다.)

① 6   ② 7   ③ 8

④ 9   ⑤ 10

STEP1

중심이 C_1인 구 S_1과 중심이 C_2인 구 S_2가 원점에서

서로 외접할 때

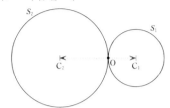

또는

서로 내접할 때

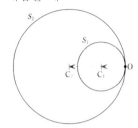

그림과 같이

세 점 C_1, C_2, O는 한 직선 위에 있다.

STEP2

두 구의 중심을 각각

$C_1(1, 2, 1)$, $C_2(-3, -a, -b)$

라 하면

$$\overrightarrow{OC_2}=t\,\overrightarrow{OC_1}$$

이 성립

$(-3, -a, -b)=t(1, 2, 1)$

따라서

$t=-3$

이므로

$a=6, b=3$

이다.

정답 ④

선분의 분점의 위치벡터

| 2007년 10월 교육청 |

밑면의 반지름의 길이가 10, 모선의 길이가 30이고 꼭짓점이 O인 직원뿔이 있다. 밑면의 둘레 위의 한 점 A에서 출발하여 원뿔의 옆면을 한 바퀴 돌아 점 A로 되돌아오는 최단경로를 L이라 하자.

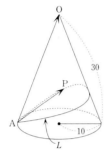

L 위를 움직이는 점 P에 대하여 점 B가

$$\overrightarrow{AB} = \frac{1}{3}\overrightarrow{AO} + \frac{2}{3}\overrightarrow{AP}$$

를 만족시킬 때, 점 B가 나타내는 도형의 길이는?

① $10\sqrt{2}$ ② $10\sqrt{3}$ ③ $20\sqrt{2}$

④ $20\sqrt{3}$ ⑤ $20\sqrt{6}$

| 문제 풀이 |

STEP1
모선 OA로 직원뿔을 잘라 펼치면 전개도는 부채꼴과 원이 되고 최단경로 L은 그림과 같이 선분 AA'이다.

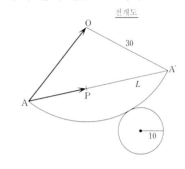

STEP2

$$\overrightarrow{AB} = \frac{1}{3}\overrightarrow{AO} + \frac{2}{3}\overrightarrow{AP}$$

에 대하여

  두 선분 OA와 OA'을 2 : 1로 내분하는 점을 각각 M, N

이라 하면

  점 B가 나타내는 도형은 선분 MN

이다.

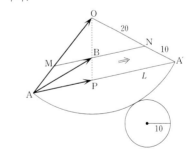

STEP3

부채꼴의 중심각의 크기를 θ라 하면

$$\widehat{AA'} = 30 \times \theta$$

그런데

$$\widehat{AA'} = 2\pi \times 10$$

이므로

$$\theta = \frac{2}{3}\pi$$

따라서

삼각형 OMN에서 제2코사인법칙을 쓰면

$$\overline{MN} = 20\sqrt{3}$$

이다.

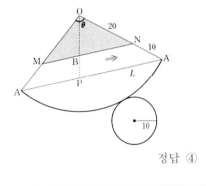

정답 ④

선분의 분점의 위치벡터

| 2009학년도 수능 |

좌표공간의 점 $A(3, 3, 3)$과 중심이 원점 O 인 구 $x^2 + y^2 + z^2 = 9$ 위를 움직이는 점 P에 대하여 $\left| \dfrac{2}{3}\overrightarrow{OA} + \dfrac{1}{3}\overrightarrow{OP} \right|$ 의 최댓값은 $a + b\sqrt{3}$ 이다. $10(a+b)$ 의 값을 구하시오.

(단, a, b는 유리수이다.)

| 문제 풀이 |

STEP1

중심이 원점 O인 구 위를 움직이는 점 P와 구 밖의 한 점 A에 대하여

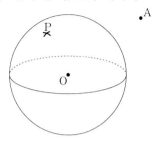

TIP

점 $A(3, 3, 3)$은 부등식

$$x^2 + y^2 + z^2 > 9$$

를 만족하므로

STEP2

선분 AP를 $1:2$로 내분하는 점을 Q라 하면

$$\overrightarrow{OQ} = \frac{2}{3}\overrightarrow{OA} + \frac{1}{3}\overrightarrow{OP}$$

이다.

$\left| \overrightarrow{OQ} \right|$의 값이 최대가 되도록 하는 점 P의 위치는?

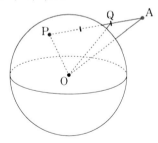

STEP3

세 점 O, P, A가 그림과 같이 한 직선 위에 있을 때

$|\overrightarrow{OQ}|$의 값은 최대

이다.

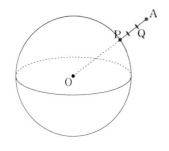

STEP4

따라서

$|\overrightarrow{OQ}|$의 최댓값은

$\overline{OP}+\overline{PQ}$

$=\overline{OP}+\dfrac{2}{3}\overline{PA}$

$=\overline{OP}+\dfrac{2}{3}\left(\overline{OA}-\overline{OP}\right)$

$=3+\dfrac{2}{3}\left(3\sqrt{3}-3\right)$

$=1+2\sqrt{3}$

정답 30

선분의 분점의 위치벡터

| 2010학년도 9월 평가원 |

그림은 밑면이 정팔각형인 팔각기둥이다.

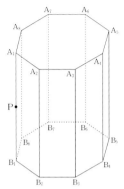

$\overline{A_1A_3}=3\sqrt{2}$ 이고 점 P가 모서리 A_1B_1의 중점일 때, 벡터 $\displaystyle\sum_{i=1}^{8}\left(\overrightarrow{PA_i}+\overrightarrow{PB_i}\right)$의 크기를 구하시오.

| 문제 풀이 |

STEP1

모서리 A_1B_1의 중점 P에 대하여

$$\overrightarrow{PA_1}=-\overrightarrow{PB_1}$$

이므로

$$\sum_{i=1}^{8}\left(\overrightarrow{PA_i}+\overrightarrow{PB_i}\right)=\sum_{i=2}^{8}\left(\overrightarrow{PA_i}+\overrightarrow{PB_i}\right)$$

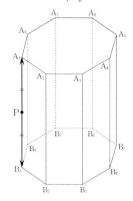

STEP2

모서리 A_iB_i의 중점을 M_i라 하면

$$\overrightarrow{PM_i}=\frac{\overrightarrow{PA_i}+\overrightarrow{PB_i}}{2}$$

이므로

$$\sum_{i=2}^{8}\left(\overrightarrow{PA_i}+\overrightarrow{PB_i}\right)=2\sum_{i=2}^{8}\overrightarrow{PM_i}$$

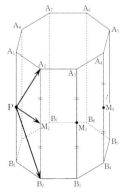

STEP3
모서리 A_iB_i의 중점을 꼭짓점으로 하는 정팔각형에서

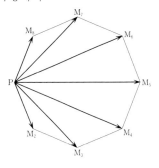

STEP4
벡터의 덧셈에 관한 평행사변형의 법칙을 이용하면

$$\overrightarrow{PM_2}+\overrightarrow{PM_6}=\overrightarrow{PM_3}+\overrightarrow{PM_7}=\overrightarrow{PM_4}+\overrightarrow{PM_8}$$
$$\left(=\overrightarrow{PM_5}\right)$$

이므로

$$2\sum_{i=2}^{8}\overrightarrow{PM_i}=2\times\left(4\overrightarrow{PM_5}\right)=8\overrightarrow{PM_5}$$

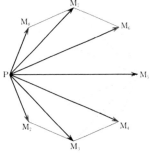

STEP5
직각이등변삼각형 PM_3M_5에서

$$\left|\overrightarrow{PM_5}\right|=\sqrt{2}\;\overline{PM_3}$$

그런데

$$\overline{PM_3}=\overline{A_1A_3}=3\sqrt{2}$$

이므로

$$\left|\overrightarrow{PM_5}\right|=6$$

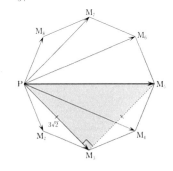

STEP6
따라서

$$\sum_{i=1}^{8}\left(\overrightarrow{PA_i}+\overrightarrow{PB_i}\right)$$

의 크기는

$$8\left|\overrightarrow{PM_5}\right|=8\times6$$

정답 48

선분의 분점의 위치벡터

| 2007학년도 9월 평가원 |

그림은 모든 모서리의 길이가 2인 두 개의 정사각뿔 O−ABCD, O′−DCEF에 대하여 모서리 CD를 일치시킨 도형을 나타낸 것이다. $|\overrightarrow{OB}+\overrightarrow{OF}|^2$의 값을 구하시오.

(단, 면 ABCD와 면 DCEF는 한 평면 위에 있다.)

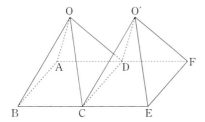

| 문제 풀이 |

STEP1

벡터의 덧셈에 관한 평행사변형의 법칙을 이용하여 $\overrightarrow{OB}+\overrightarrow{OF}$를 작도? ✖

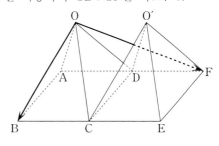

STEP2

선분 BF의 중점을 M이라 하면

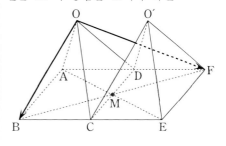

STEP3

$$\overrightarrow{OM}=\frac{\overrightarrow{OB}+\overrightarrow{OF}}{2}$$

이므로

$$|\overrightarrow{OB}+\overrightarrow{OF}|^2 = 4|\overrightarrow{OM}|^2$$

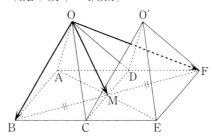

STEP4

한 변의 길이가 2인 정삼각형 OCD에서

$$|\overrightarrow{OM}| = \frac{\sqrt{3}}{2} \times 2$$

이므로

$$4|\overrightarrow{OM}|^2 = 12$$

정답 12

STEP BY STEP

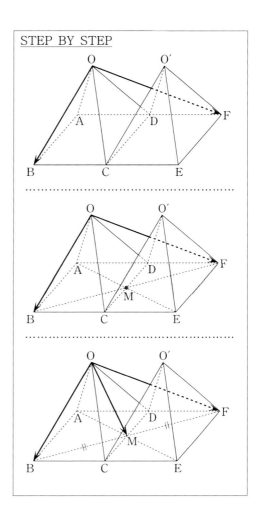

<table>
<tr><td>

벡터의 연산과 내적

벡터의 덧셈에 관한 법칙
벡터의 내적에 관한 등식
벡터의 성분

</td></tr>
</table>

| 2007학년도 수능 |

그림과 같이 평면 α 위에 한 변의 길이가 3
인 정삼각형 ABC가 있고, 반지름의 길이가
2인 구 S는 점 A에서 평면 α에 접한다. 구
S 위의 점 D에 대하여 선분 AD가 구 S의
중심 O를 지날 때, $\left|\overrightarrow{AB}+\overrightarrow{DC}\right|^2$의 값을 구하
시오.

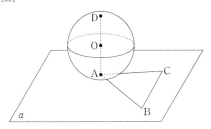

| 문제 풀이 |

STEP1

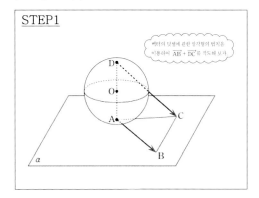

STEP2

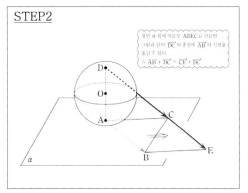

STEP3

$$\overrightarrow{AB}+\overrightarrow{DC}=\overrightarrow{DE}$$

이므로

$$\left|\overrightarrow{AB}+\overrightarrow{DC}\right|^2=\left|\overrightarrow{DE}\right|^2$$

STEP4

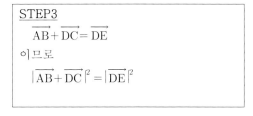

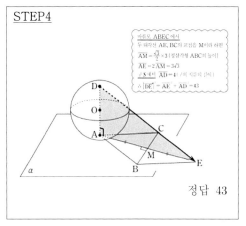

정답 43

85

STEP1

$$|\overrightarrow{AB}| = 3$$

이고

직각삼각형 DAC에서

$$|\overrightarrow{DC}| = 5$$

이므로

$$|\overrightarrow{AB} + \overrightarrow{DC}|^2$$

$$= |\overrightarrow{AB}|^2 + |\overrightarrow{DC}|^2 + 2(\overrightarrow{AB} \cdot \overrightarrow{DC})$$

$$= 34 + 2(\overrightarrow{AB} \cdot \overrightarrow{DC})$$

STEP2

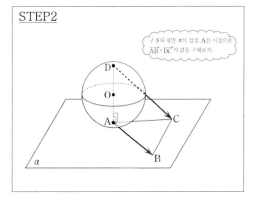

STEP3

$$\overrightarrow{AB} \cdot \overrightarrow{DC} = \overrightarrow{AB} \cdot (\overrightarrow{AC} - \overrightarrow{AD})$$

$$= \overrightarrow{AB} \cdot \overrightarrow{AC}$$

$$= |\overrightarrow{AB}||\overrightarrow{AC}|\cos\frac{\pi}{3}$$

$$= \frac{9}{2}$$

따라서

$$|\overrightarrow{AB} + \overrightarrow{DC}|^2$$

$$= 34 + 2(\overrightarrow{AB} \cdot \overrightarrow{DC})$$

$$= 34 + 2 \times \frac{9}{2}$$

정답 43

STEP1

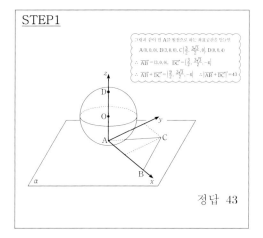

정답 43

벡터의 내적과 수직 조건

| 2010년 10월 교육청 |

그림은 한 모서리의 길이가 6인 두 정사면체 ABCD와 BCDE에 대하여 면 BCD를 일치시킨 도형을 나타낸 것이다. 두 벡터 $\overrightarrow{BA}$와 $\overrightarrow{DE}$에 대하여 $|\overrightarrow{BA}+\overrightarrow{DE}|^2$의 값을 구하시오.

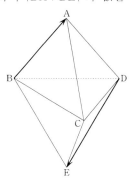

| 문제 풀이 |

STEP1

$|\overrightarrow{BA}|=|\overrightarrow{DE}|=6$

이므로

$$|\overrightarrow{BA}+\overrightarrow{DE}|^2$$
$$=|\overrightarrow{BA}|^2+|\overrightarrow{DE}|^2+2(\overrightarrow{BA}\cdot\overrightarrow{DE})$$
$$=72+2(\overrightarrow{BA}\cdot\overrightarrow{DE})$$

이다.

STEP2

선분 AE는 면 BCD에 수직

이고

선분 AE의 중점은 면 BCD의
무게중심 G

이므로

$$\overrightarrow{BA}\cdot\overrightarrow{DE}$$
$$=(\overrightarrow{BG}+\overrightarrow{GA})\cdot(\overrightarrow{DG}+\overrightarrow{GE})$$
$$=\overrightarrow{BG}\cdot\overrightarrow{DG}+\overrightarrow{GA}\cdot\overrightarrow{GE}$$

이다.

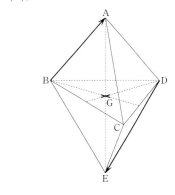

<u>STEP3</u>

$\overrightarrow{BG} \cdot \overrightarrow{DG}$

$= |\overrightarrow{BG}||\overrightarrow{DG}|\cos\dfrac{2}{3}\pi$

$= \left\{ \dfrac{2}{3}\left(\dfrac{\sqrt{3}}{2}\times 6\right)\right\}^2 \times \left(-\dfrac{1}{2}\right)$

이고

$\overrightarrow{GA} \cdot \overrightarrow{GE}$

$= |\overrightarrow{GA}||\overrightarrow{GE}|\cos\pi$

$= \left(\dfrac{\sqrt{6}}{3}\times 6\right)^2 \times (-1)$

이므로

$\overrightarrow{BA} \cdot \overrightarrow{DE}$

$= \overrightarrow{BG} \cdot \overrightarrow{DG} + \overrightarrow{GA} \cdot \overrightarrow{GE}$

$= -30$

<u>STEP4</u>

따라서

$|\overrightarrow{BA}+\overrightarrow{DE}|^2$

$= 72 + 2(\overrightarrow{BA} \cdot \overrightarrow{DE})$

$= 72 + 2\times(-30)$

$= 12$

정답 12

벡터의 연산과 내적

내적 문제 해결 능력

| 2012학년도 사관학교 |

그림과 같이 사면체 OABC에서 삼각형 OAB와 삼각형 CAB는 모두 정삼각형이고, 삼각형 OAB와 삼각형 CAB가 이루는 이면각의 크기는 $\frac{\pi}{3}$이다. 정삼각형 OAB의 무게중심을 G, 점 O에서 선분 CG에 내린 수선의 발을 H라 하자. $\overrightarrow{OA}=\vec{a}$, $\overrightarrow{OB}=\vec{b}$, $\overrightarrow{OC}=\vec{c}$라 할 때, $\overrightarrow{OH}=p\vec{a}+q\vec{b}+r\vec{c}$를 만족시키는 세 상수 p, q, r에 대하여 $28(p+q+r)$의 값을 구하시오.

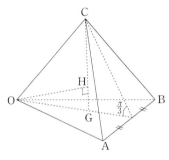

| 문제 풀이 |

STEP1

삼각형 OCG에서
$$\overrightarrow{OH}=t\overrightarrow{OC}+(1-t)\overrightarrow{OG}\ (0<t<1)$$
로 놓으면
$$\overrightarrow{OH}\perp\overrightarrow{CG}$$
이므로
$$\{t\overrightarrow{OC}+(1-t)\overrightarrow{OG}\}\cdot(\overrightarrow{OG}-\overrightarrow{OC})=0$$
따라서
$$t\overrightarrow{OC}\cdot\overrightarrow{OG}-t|\overrightarrow{OC}|^2$$
$$+(1-t)|\overrightarrow{OG}|^2-(1-t)\overrightarrow{OG}\cdot\overrightarrow{OC}=0$$

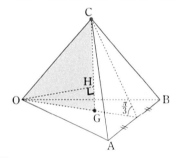

TIP

$$\overrightarrow{GH}=t\overrightarrow{GC}\ (0<t<1)$$
이므로

STEP2

두 정삼각형 CAB, OAB의 교선 AB의
중점을 M이라 하면

$$\overline{CM} = \overline{OM}, \ \angle CMO = \frac{\pi}{3}$$

이므로

삼각형 COM은 정삼각형

이때,

$$|\overrightarrow{OC}| = 3$$

이라 하면

$$|\overrightarrow{OG}| = \frac{2}{3}|\overrightarrow{OM}| = 2$$

$$\overrightarrow{OC} \cdot \overrightarrow{OG} = |\overrightarrow{OC}||\overrightarrow{OG}|\cos\frac{\pi}{3} = 3$$

이므로

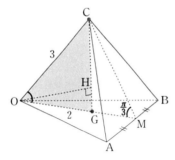

STEP3

이들을

$$t\overrightarrow{OC} \cdot \overrightarrow{OG} - t|\overrightarrow{OC}|^2$$
$$+ (1-t)|\overrightarrow{OG}|^2 - (1-t)\overrightarrow{OG} \cdot \overrightarrow{OC} = 0$$

에 대입하면

$$3t - 9t + 4(1-t) - 3(1-t) = 0$$

$$\therefore t = \frac{1}{7}$$

$$\therefore \overrightarrow{OH} = \frac{1}{7}\overrightarrow{OC} + \frac{6}{7}\overrightarrow{OG}$$

STEP4

정삼각형 OAB에서

$$\overrightarrow{OG} = \frac{2}{3}\overrightarrow{OM}$$

이고

$$\overrightarrow{OM} = \frac{\overrightarrow{OA} + \overrightarrow{OB}}{2}$$

이므로

$$\overrightarrow{OG} = \frac{1}{3}(\overrightarrow{OA} + \overrightarrow{OB})$$

따라서

$$\overrightarrow{OH} = \frac{1}{7}\overrightarrow{OC} + \frac{6}{7}\overrightarrow{OG}$$

$$= \frac{1}{7}\overrightarrow{OC} + \frac{6}{7} \times \frac{1}{3}(\overrightarrow{OA} + \overrightarrow{OB})$$

$$= \frac{1}{7}\overrightarrow{OC} + \frac{2}{7}\overrightarrow{OA} + \frac{2}{7}\overrightarrow{OB}$$

이다.

정답 20

벡터의 내적

벡터의 내적의 기하학적 의미

| 2008학년도 사관학교 |

좌표공간에서

구 $(x-12)^2 + (y-5)^2 + (z-10)^2 = 100$이 xy평면과 접하는 점을 A라 하고, 구 위를 움직이는 점을 P라 하자. 이때, $\overrightarrow{OA} \cdot \overrightarrow{OP}$의 최댓값을 구하시오. (단, O는 원점이다.)

STEP1

$\overrightarrow{OA} \cdot \overrightarrow{OP}$의 값이 최대가 되도록 하는 점 P의 위치는?

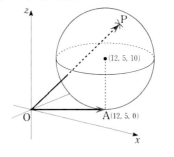

STEP2

그림과 같이 구의 중심을 지나고 $\overrightarrow{OA}$에 평행한 점선을 그었을 때 점선과 구가 만나는 점에서 $\overrightarrow{OA}$의 연장선에 내린 수선의 발을 H라 하면

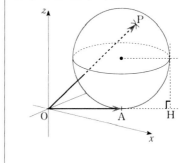

STEP3

점 P가 그림과 같이 구에 접하는 점일 때

$\overrightarrow{OA} \cdot \overrightarrow{OP}$의 값은 최대

이고

그 값은 $\overline{OA} \times \overline{OH}$

이다.

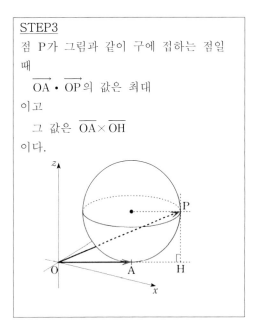

STEP4

따라서

$\overrightarrow{OA} \cdot \overrightarrow{OP}$의 최댓값은

$\overline{OA} \times \overline{OH}$

$= \overline{OA} \times \left(\overline{OA} + \overline{AH} \right)$

$= 13 \times (13 + 10)$

$= 299$

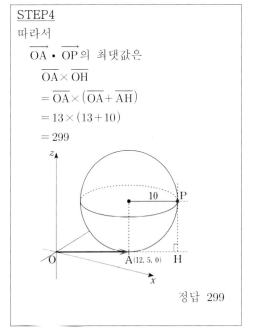

정답 299

STEP BY STEP

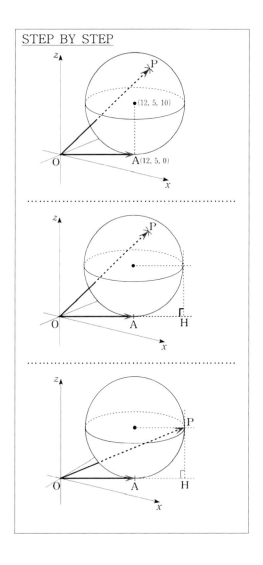

벡터의 내적

벡터의 내적의 기하학적 의미

| 2012년 10월 교육청 |
중심이 C이고 반지름의 길이가 3인 구와 구 위의 한 점 A가 있다. 구 밖의 한 점 B를 $\overline{AB}=6$이고 $\overline{CB}=5$가 되도록 잡는다. 점 P가 이 구 위를 움직일 때, 두 벡터 $\overrightarrow{BA}$, $\overrightarrow{BP}$의 내적 $\overrightarrow{BA} \cdot \overrightarrow{BP}$의 최댓값과 최솟값의 합을 구하시오.

| 문제 풀이 |

STEP1
삼각형 CBA에 대하여
$$\overrightarrow{BA} \cdot \overrightarrow{BP} > 0$$
이므로

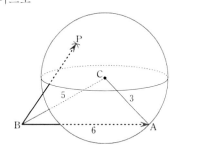

STEP2
그림과 같이 구의 중심 C를 지나고 $\overrightarrow{BA}$에 평행한 점선을 그었을 때 점선과 구가 만나는 점에서 $\overrightarrow{BA}$에 내린 수선의 발을 각각 H_1, H_2라 하면
$$\overrightarrow{BA} \cdot \overrightarrow{BP}의 \text{ 최댓값은}$$
$$\overline{BA} \times \overline{BH_1}$$
이고
$$\overrightarrow{BA} \cdot \overrightarrow{BP}의 \text{ 최솟값은}$$
$$\overline{BA} \times \overline{BH_2}$$
이다.

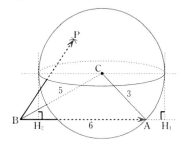

STEP3

구의 중심 C에서 $\overrightarrow{BA}$에 내린 수선의 발을 I라 하고 $\angle CBA = \theta$라 하면

$$\overline{BH_1} = \overline{BI} + \overline{IH_1}$$
$$= \overline{CB}\cos\theta + \overline{IH_1}$$

이고

$$\overline{BH_2} = \overline{BI} - \overline{IH_2}$$
$$= \overline{CB}\cos\theta - \overline{IH_2}$$

또,

$$\overline{IH_1} = \overline{IH_2} (구의 반지름)$$

따라서

$\overrightarrow{BA} \cdot \overrightarrow{BP}$의 최댓값과 최솟값의 합은

$$60\cos\theta$$

이때,

삼각형 CBA에서 제2코사인법칙을 쓰면

$$\cos\theta = \frac{13}{15}$$

이므로

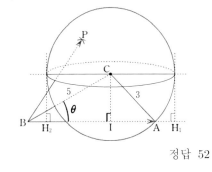

정답 52

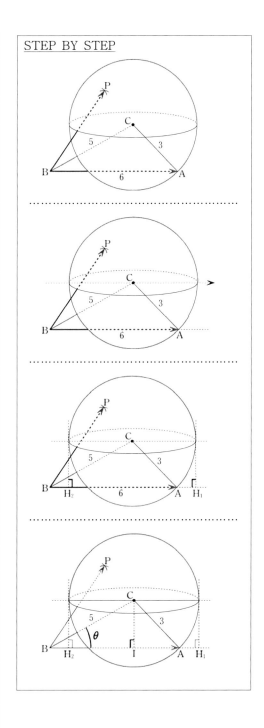

벡터의 내적의 기하학적 의미

| 2010학년도 사관학교 |

좌표공간에서 두 점 $A(4, 0, 0)$, $B(-4, 0, 0)$ 과 움직이는 점 P에 대하여 $\overrightarrow{OA} = \vec{a}$, $\overrightarrow{OB} = \vec{b}$, $\overrightarrow{OP} = \vec{p}$라 할 때, 다음 조건을 모두 만족시키는 점 P가 나타내는 도형의 길이는?

(단, O는 원점이다.)

(가)	$(\vec{p} - \vec{a}) \cdot (\vec{p} - \vec{b}) = 0$
(나)	$(\vec{p} - \vec{a}) \cdot (\vec{p} - \vec{a}) = 16$

① $2\sqrt{2}\pi$ ② $2\sqrt{3}\pi$ ③ 4π
④ $4\sqrt{2}\pi$ ⑤ $4\sqrt{3}\pi$

| 문제 풀이 |

STEP1

$\overrightarrow{PA} \cdot \overrightarrow{PB} = 0$

이므로

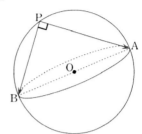

그런데

$|\overrightarrow{PA}| = 4$

이므로

점 P가 나타내는 도형은 꼭짓점이 A 이고 모선의 길이가 4인 원뿔의 밑면의 둘레

이다.

밑면의 중심을 M이라 하면

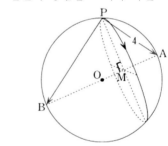

<u>STEP2</u>

$\overline{AB} = 8$

이고

$\overline{PB} = \sqrt{\overline{AB}^2 - \overline{PA}^2} = 4\sqrt{3}$

이므로

$\overline{AB} \times \overline{PM} = \overline{PB} \times \overline{PA}$

에서

$\overline{PM} = 2\sqrt{3}$

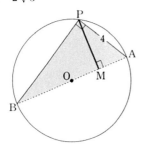

<u>STEP3</u>

따라서

점 P가 나타내는 도형의

길이는

$2\pi \times \overline{PM} = 4\sqrt{3}\pi$

이다.

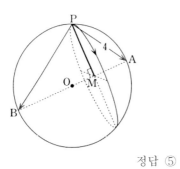

정답 ⑤

| 2013학년도 9월 평가원 |

좌표공간에서 네 점 A_0, A_1, A_2, A_3이 다음 조건을 만족시킨다.

가) $|\overrightarrow{A_0 A_2}| = |\overrightarrow{A_1 A_3}| = 2$

나) $\dfrac{1}{2}\overrightarrow{A_0 A_3} \cdot \left(\overrightarrow{A_0 A_k} - \dfrac{1}{2}\overrightarrow{A_0 A_3} \right) = \cos \dfrac{3-k}{3}\pi$

$(k = 1, 2, 3)$

$|\overrightarrow{A_1 A_2}|$의 최댓값을 M이라 할 때, M^2의 값을 구하시오.

| 문제 풀이 |

STEP1

$k = 3$일 때 $|\overrightarrow{A_0 A_3}| = 2$

$k = 1$일 때

$\overrightarrow{A_0 A_3} \cdot \overrightarrow{A_0 A_1} - \dfrac{1}{2}|\overrightarrow{A_0 A_3}|^2 = -1$

$\therefore \overrightarrow{A_0 A_3} \cdot \overrightarrow{A_0 A_1} = 1$

$k = 2$일 때

$\overrightarrow{A_0 A_3} \cdot \overrightarrow{A_0 A_2} - \dfrac{1}{2}|\overrightarrow{A_0 A_3}|^2 = 1$

$\therefore \overrightarrow{A_0 A_3} \cdot \overrightarrow{A_0 A_2} = 3$

STEP2

두 조건

$|\overrightarrow{A_0 A_3}| = 2,\ \overrightarrow{A_0 A_3} \cdot \overrightarrow{A_0 A_1} = 1$

에 대하여

점 A_1에서 $\overrightarrow{A_0 A_3}$에 내린 수선의 발을 H_1이라 하면 $\overrightarrow{A_0 H_1} = \dfrac{1}{2}$

그런데

$|\overrightarrow{A_1 A_3}| = 2$

이므로

점 A_1이 나타내는 도형은 중심이 H_1이고 반지름의 길이가 $\dfrac{\sqrt{7}}{2}$인 원 C_1이다.

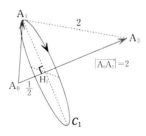

STEP3

두 조건

$$|\overrightarrow{A_0A_3}|=2, \ \overrightarrow{A_0A_3} \cdot \overrightarrow{A_0A_2}=3$$

에 대하여

점 A_2에서 $\overrightarrow{A_0A_3}$에 내린 수선의 발을

H_2라 하면 $\overline{A_0H_2}=\dfrac{3}{2}$

그런데

$$|\overrightarrow{A_0A_2}|=2$$

이므로

점 A_2가 나타내는 도형은 중심이 H_2

이고 반지름의 길이가 $\dfrac{\sqrt{7}}{2}$인 원 C_2

이다.

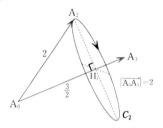

STEP4

$|\overrightarrow{A_1A_2}|$의 값이 최대가 되도록 하는 두
점 A_1, A_2의 위치는?

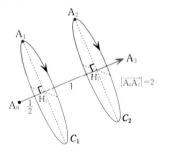

STEP5

두 점 A_1, A_2가 선분 H_1H_2의 중점에 대
하여 서로 대칭일 때 $|\overrightarrow{A_1A_2}|$의 값은 최
대이다. 점 A_1을 한 끝점으로 하는 원
C_1의 지름의 다른 끝점을 B라 하면

$$\overline{A_1B}=\sqrt{7}$$

또,

$$\overline{BA_2}//\overline{A_0A_3}$$

이므로

$$\overline{BA_2}=\overline{H_1H_2}=1$$

따라서

구하는 M^2의 값은

$$M^2=\overline{A_1B}^2+\overline{BA_2}^2$$
$$=8$$

이다.

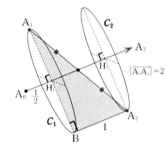

정답 8

STEP BY STEP

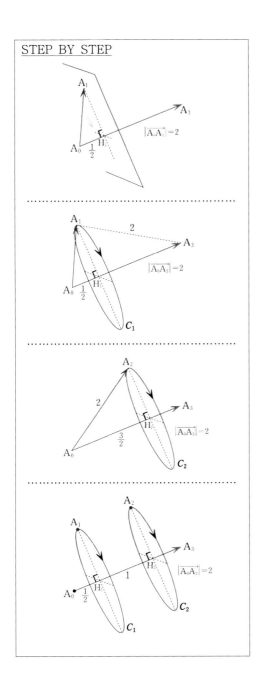

직선 위의 점의 좌표

| 2008학년도 수능 |

좌표공간에 네 점
$A(2, 0, 0)$, $B(0, 1, 0)$, $C(-3, 0, 0)$, $D(0, 0, 2)$
를 꼭짓점으로 하는 사면체 ABCD가 있다. 모서리 BD 위를 움직이는 점 P에 대하여 $\overline{PA}^2 + \overline{PC}^2$의 값을 최소로 하는 점 P의 좌표를 (a, b, c)라고 할 때, $a+b+c = \dfrac{q}{p}$이다. $p+q$의 값을 구하시오.

(단, p, q는 서로소인 자연수이다.)

| 문제 풀이 |

STEP1
사면체 ABCD에서

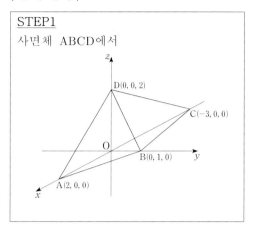

STEP2
두 점 B, D를 지나는 직선의 방정식은 다음과 같다.

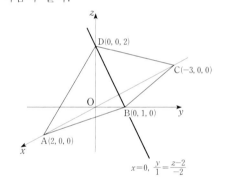

STEP3
이때, 모서리 BD 위의 점 P의 좌표는 다음과 같이 놓을 수 있다.

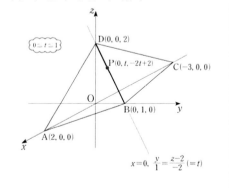

STEP4

따라서

$$\overline{PA}^2 + \overline{PC}^2 = 10t^2 - 16t + 21$$

$$= 10\left(t - \frac{4}{5}\right)^2 + \frac{73}{5}$$

$$(0 \le t \le 1)$$

이므로

$$t = \frac{4}{5}$$일 때 최소

이다.

그 때의 점 P의 좌표는

$$P\left(0, \frac{4}{5}, \frac{2}{5}\right)$$

이므로

정답 11

STEP BY STEP

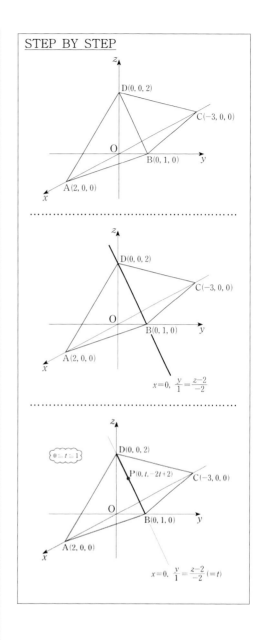

직선의 방정식

직선 위의 점의 좌표

| 2012학년도 9월 평가원 |

좌표공간에 두 점 $A(0, -1, 1)$, $B(1, 1, 0)$이 있고, xy평면 위에 원 $x^2 + y^2 = 13$이 있다. 이 원 위의 점 $(a, b, 0)$ $(a < 0)$을 지나고 z축에 평행한 직선이 직선 AB와 만날 때, $a + b$의 값은?

① $-\dfrac{47}{10}$ ② $-\dfrac{23}{5}$ ③ $-\dfrac{9}{2}$

④ $-\dfrac{22}{5}$ ⑤ $-\dfrac{43}{10}$

| 문제 풀이 |

STEP1

직선 AB의 방정식에서
$$\frac{x}{1} = \frac{y+1}{2} = \frac{z-1}{-1} (=t)$$
라 하면
  직선 위의 점 P의 좌표는 다음과 같이 놓을 수 있다.
  $$P(t, 2t-1, 1-t)$$
이때,
  점 P에서 xy평면에 내린 수선의 발
  $$H(t, 2t-1, 0)$$
  에 대하여
  $$t^2 + (2t-1)^2 = 13$$
  을 만족시키는 음수 t의 값은
  $$t = -\frac{6}{5}$$
따라서
$$a = t = -\frac{6}{5}$$
$$b = 2t - 1 = -\frac{17}{5}$$

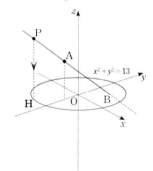

정답 ②

직선과 평면의 방정식

직선과 평면의 위치 관계

| 2008년 10월 교육청 |

좌표공간에

세 점 $A(4, 2, 1)$, $B(-2, 2, 1)$, $C(0, 0, 1)$과 직

선 $l : \dfrac{x+2}{a} = \dfrac{y-3}{2} = \dfrac{z-4}{3}$ 가 있다.

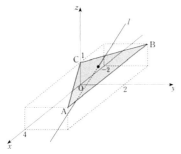

직선 l이 삼각형 ABC의 변 또는 내부를 지

나도록 상수 a의 값을 정할 때, 정수 a의 개

수는?

① 3   ② 4   ③ 5

④ 6   ⑤ 7

STEP1

세 점 A, B, C의 z좌표는 모두 1이므로

삼각형 ABC는

평면 $z = 1$ 위에 있다.

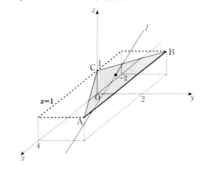

STEP2

직선 l의 방정식에 $z = 1$을 대입하면

$$\frac{x+2}{a} = \frac{y-3}{2} = \frac{1-4}{3}$$

이므로

$x = -a-2$, $y = 1$, $z = 1$

이때,

$l' : y = 1$, $z = 1$

이라 하면

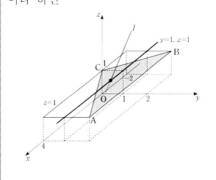

STEP3

직선 CA의 방정식은

$$y = \frac{1}{2}x, \ z = 1$$

이므로

직선 l'과의 교점의 x좌표는

$$x = 2$$

이고

직선 CB의 방정식은

$$y = -x, \ z = 1$$

이므로

직선 l'과의 교점의 x좌표는

$$x = -1$$

이다.

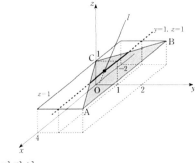

따라서

직선 l이 삼각형 ABC의 변 또는 내부를 지나도록 하는 상수 a의 값의 범위는

$$-1 \leq -a-2 \leq 2$$

이므로

$$-4 \leq a \leq -1$$

정답 ②

직선과 평면의 방정식

평면에 수직인 직선의 방정식

| 2013학년도 수능 |

좌표공간에서 정사면체 ABCD의 한 면 ABC는 평면 $2x-y+z=4$ 위에 있고, 꼭짓점 D는 평면 $x+y+z=3$ 위에 있다. 삼각형 ABC의 무게중심의 좌표가 $(1, 1, 3)$일 때, 정사면체 ABCD의 한 모서리의 길이는?

① $2\sqrt{2}$ ② 3 ③ $2\sqrt{3}$

④ 4 ⑤ $3\sqrt{2}$

STEP1

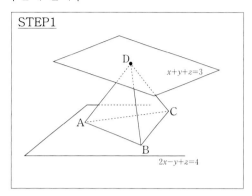

STEP2

삼각형 ABC의 무게중심을 G라 하면 선분 DG는

   평면 $2x-y+z=4$에 수직

이므로

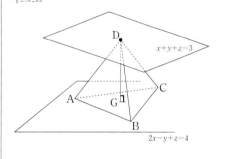

STEP3

평면 $2x-y+z=4$의 법선벡터 $\vec{h}$에 대하여

   $\overline{DG} /\!/ \vec{h}$

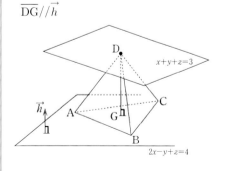

STEP4

점 G를 지나고 $\vec{h}$에 평행한 직선의 방정식에서

$$\frac{x-1}{2} = \frac{y-1}{-1} = \frac{z-3}{1} \, (=t)$$

라 하면

점 D의 좌표는 다음과 같이 놓을 수 있다.

$$\mathrm{D}(2t+1, \, -t+1, \, t+3)$$

그런데

점 D는 평면 $x+y+z=3$ 위의 점이므로

$$(2t+1)+(-t+1)+(t+3)=3$$
$$\therefore t=-1$$

따라서

점 D의 좌표는

$$\mathrm{D}(-1, 2, 2)$$

이다.

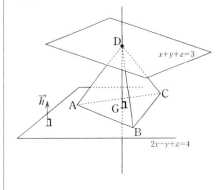

STEP5

따라서

$$\overline{\mathrm{DG}} = \sqrt{6}$$

이때,

정사면체 ABCD의 한 모서리의 길이를 a라 하면

$$\overline{\mathrm{DG}} = \frac{\sqrt{6}}{3}a$$

이므로

$$a=3$$

정답 ②

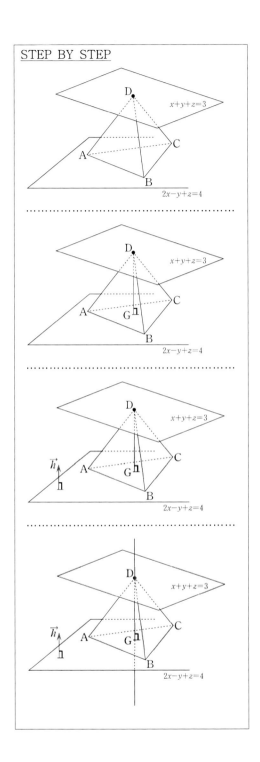

직선과 평면의 방정식

직선과 평면이 서로 수직일 때

| 2014학년도 9월 평가원 |

좌표공간에서 직선 $l : x-1 = \dfrac{y}{2} = 1-z$ 와 평면 α 가 점 $A(1, 0, 1)$에서 수직으로 만난다. 평면 α 위의 점 $B(-1, a, a)$와 직선 l 위의 점 C에 대하여 삼각형 ABC가 이등변삼각형일 때, 점 C에서 원점까지의 거리는 d이다. d^2의 값을 구하시오.

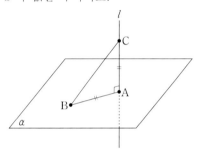

| 문제 풀이 |

STEP1

평면 α는 점 $A(1, 0, 1)$을 지나고 직선 l의 방향벡터 $\vec{d} = (1, 2, -1)$에 수직이므로 평면 α의 방정식은
$1 \cdot (x-1) + 2 \cdot y + (-1) \cdot (z-1) = 0$ ∴ $x + 2y - z = 0$

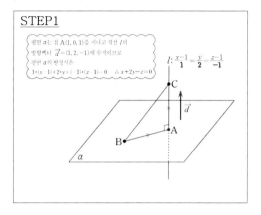

STEP2

점 $B(-1, a, a)$는 평면 α 위의 점이므로
$-1 + 2a - a = 0$ ∴ $a = 1$
∴ $B(-1, 1, 1)$
∴ $\overline{AB} = \sqrt{2^2 + (-1)^2 + 0^2} = \sqrt{5}$

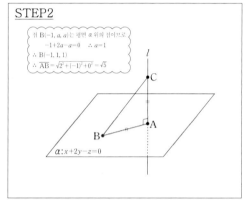

STEP3

점 C는 직선 l 위의 점이므로 C의 좌표는 다음과 같이 놓을 수 있다.
$C(t+1, 2t, 1-t)$
그런데 $\overline{AC} = \overline{AB} = \sqrt{5}$이므로
$\overline{AC} = \sqrt{(t)^2 + (2t)^2 + t^2} = \sqrt{5}$ ∴ $t^2 = \dfrac{5}{6}$

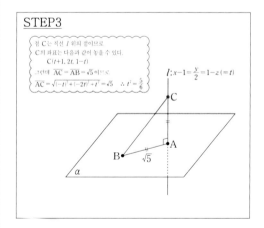

STEP4
따라서
$$d = \sqrt{6t^2 + 2} = \sqrt{7}$$

정답 7

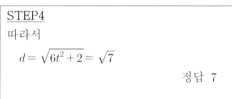

평면의 법선벡터의 성분의 비

| 2006학년도 수능 |

구 $x^2+y^2+z^2=4$와 평면 $z=-1$이 만나서 생기는 원을 C라 하자. x축을 포함하는 평면 α와 구 $x^2+y^2+z^2=4$가 만나서 생기는 원이 C와 오직 한 점에서 만날 때 평면 α의 한 법선벡터를 $\overrightarrow{n}=(a,\,3,\,b)$라 하자. 이때, a^2+b^2의 값을 구하시오.

| 문제 풀이 |

STEP1

x축을 포함하는 평면 α와 구가 만나서 생기는 원이 C와 만나는 오직 한 점을 A라 하고

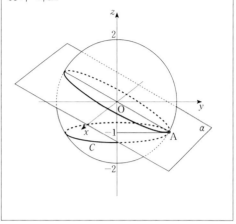

STEP2

평면 α의 한 법선벡터를 그림과 같이 결정한다.

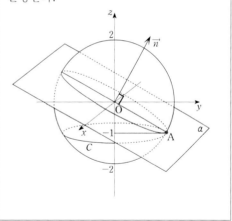

STEP3

평면 α의 법선벡터 $\vec{n}$은 x축과 수직이므로

$$(a, 3, b) \cdot (1, 0, 0) = 0$$

따라서

$$a = 0$$

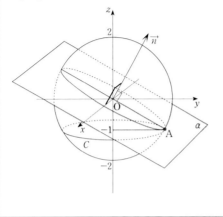

STEP4

직선 OA와 직선 $z = -1$이 이루는 예각의 크기는 $\frac{\pi}{6}$이므로 $\vec{n}$과 y축이 이루는 예각의 크기는 $\frac{\pi}{3}$이다. 따라서

$$\vec{n} = t(0, 1, \sqrt{3}) \, (t > 0)$$

로 놓으면

$$(0, 3, b) = t(0, 1, \sqrt{3})$$

에서

$$t = 3$$

이므로

$$b = 3\sqrt{3}$$

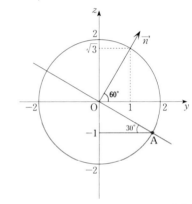

정답 27

| 2017학년도 수능 |

한 모서리의 길이가 4인 정사면체 ABCD에서 삼각형 ABC의 무게중심을 O, 선분 AD의 중점을 P라 하자. 정사면체 ABCD의 한 면 BCD 위의 점 Q에 대하여 두 벡터 $\overrightarrow{OQ}$와 $\overrightarrow{OP}$가 서로 수직일 때, $|\overrightarrow{PQ}|$의 최댓값은 $\dfrac{q}{p}$이다. $p+q$의 값을 구하시오.

(단, p, q는 서로소인 자연수이다.)

| 문제 풀이 |

STEP1

선분 BC의 중점을 M이라 하면
$$\overrightarrow{AO}=\frac{2}{3}\overrightarrow{AM}$$

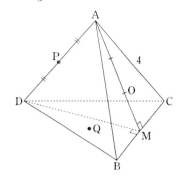

STEP2

두 정점 O, P에 대하여
$$\overrightarrow{OP}\cdot\overrightarrow{OQ}=0$$
이므로

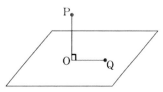

점 Q가 나타내는 도형은 점 O를 지나고 $\overrightarrow{OP}$에 수직인 평면과 면 BCD의 교선 L이다.

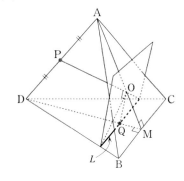

111

STEP3
$$L \perp \overline{OP}$$
이고

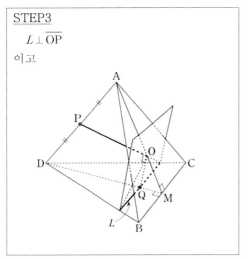

STEP5
$$L // \overline{BC}$$
이다.

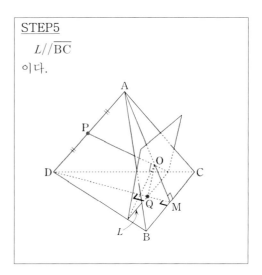

STEP4
$$\overline{BC} \perp \overline{OP}$$
이므로

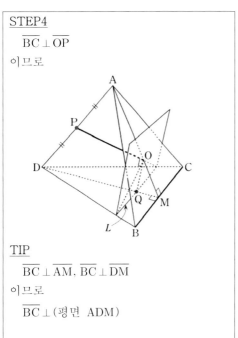

TIP
$$\overline{BC} \perp \overline{AM}, \ \overline{BC} \perp \overline{DM}$$
이므로
$$\overline{BC} \perp (평면\ ADM)$$

STEP6
따라서 점 Q가 선분 DB(또는 DC)와 L 이 만나는 점의 위치에 있을 때 $|\overrightarrow{PQ}|$의 값은 최대이다.

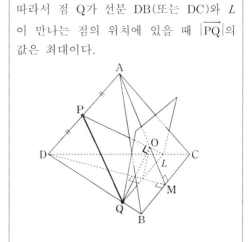

$$\overrightarrow{\mathrm{OP}}=\frac{\overrightarrow{\mathrm{OA}}+\overrightarrow{\mathrm{OD}}}{2}$$

이고

$$\overrightarrow{\mathrm{OQ}}=(1-t)\overrightarrow{\mathrm{OB}}+t\overrightarrow{\mathrm{OD}}\ (0<t<1)$$

로 놓으면

$$\overrightarrow{\mathrm{OP}}\cdot\overrightarrow{\mathrm{OQ}}=0$$

에 대하여

$$\frac{\overrightarrow{\mathrm{OA}}+\overrightarrow{\mathrm{OD}}}{2}\cdot\left\{(1-t)\overrightarrow{\mathrm{OB}}+t\overrightarrow{\mathrm{OD}}\right\}=0$$

$$\therefore (1-t)\overrightarrow{\mathrm{OA}}\cdot\overrightarrow{\mathrm{OB}}+t\overrightarrow{\mathrm{OA}}\cdot\overrightarrow{\mathrm{OD}}$$
$$+(1-t)\overrightarrow{\mathrm{OD}}\cdot\overrightarrow{\mathrm{OB}}+t|\overrightarrow{\mathrm{OD}}|^2=0$$

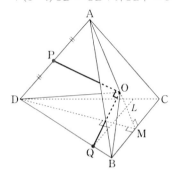

정삼각형 ABC에서

$$\overrightarrow{\mathrm{OA}}=\frac{2}{3}\overrightarrow{\mathrm{AM}},\ \overrightarrow{\mathrm{OM}}=\frac{1}{3}\overrightarrow{\mathrm{AM}}$$

이므로

$$\overrightarrow{\mathrm{OA}}\cdot\overrightarrow{\mathrm{OB}}=-\overrightarrow{\mathrm{OA}}\times\overrightarrow{\mathrm{OM}}$$
$$=-\frac{8}{3}$$

또,

정사면체 ABCD에서

$$|\overrightarrow{\mathrm{OD}}|=\frac{\sqrt{6}}{3}\times 4$$

이고

$$\overrightarrow{\mathrm{OD}}\perp\overrightarrow{\mathrm{OA}},\ \overrightarrow{\mathrm{OD}}\perp\overrightarrow{\mathrm{OB}}$$

이들을

$$(1-t)\overrightarrow{\mathrm{OA}}\cdot\overrightarrow{\mathrm{OB}}+t\overrightarrow{\mathrm{OA}}\cdot\overrightarrow{\mathrm{OD}}$$
$$+(1-t)\overrightarrow{\mathrm{OD}}\cdot\overrightarrow{\mathrm{OB}}+t|\overrightarrow{\mathrm{OD}}|^2=0$$

에 대입하면

$$-\frac{8}{3}(1-t)+\frac{32}{3}t=0\quad\therefore t=\frac{1}{5}$$

따라서

$$\overrightarrow{\mathrm{OQ}}=\frac{4}{5}\overrightarrow{\mathrm{OB}}+\frac{1}{5}\overrightarrow{\mathrm{OD}}$$

STEP9

즉,

$$\overrightarrow{DQ} = \frac{4}{5}\overrightarrow{DB}$$

이므로

삼각형 PDQ에서 제2코사인법칙을
쓰면

$$|\overrightarrow{PQ}| = \frac{14}{5}$$

이다.

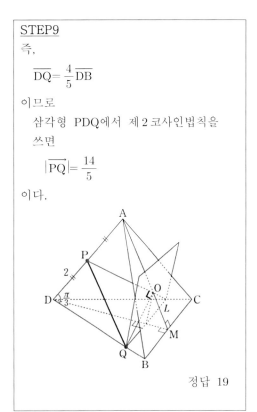

정답 19

STEP BY STEP

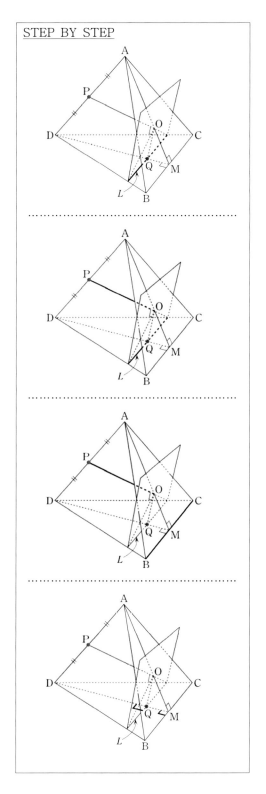

두 평면의 법선벡터가 이루는 각

| 2014년 10월 교육청 |

그림과 같이 좌표공간에서 한 모서리의 길이가 1인 정사면체 OPQR의 한 면 PQR이 z축과 만난다. 면 PQR의 xy평면 위로의 정사영의 넓이를 S라 할 때, S의 최솟값은 k이다. $160k^2$의 값을 구하시오.

(단, O는 원점이다.)

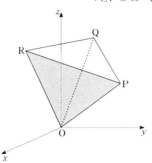

| 문제 풀이 |

STEP1

원점 O에서 삼각형 PQR에 내린 수선의 발을 G라 하면 삼각형 PQR을 포함하는 평면의 법선벡터는 그림과 같다.

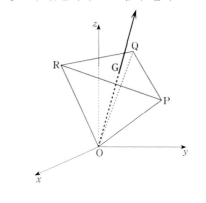

STEP2

이때, xy평면의 법선벡터 z축과 이루는 예각의 크기를 θ라 하면 삼각형 PQR의 xy평면 위로의 정사영의 넓이는

$$\triangle PQR \times \cos \theta$$

이다.

STEP3

면 PQR이 z축과 만나는 점을 T라 하면

$$\cos\theta = \frac{\overline{\text{OG}}}{\overline{\text{TO}}}$$

그런데

$$\overline{\text{TO}} \leq \overline{\text{RO}}\left(=\overline{\text{PO}},\ \overline{\text{QO}}\right)$$

이므로

$$\cos\theta \geq \frac{\overline{\text{OG}}}{\overline{\text{RO}}}$$

따라서

k의 값은

$$\triangle\text{PQR} \times \frac{\overline{\text{OG}}}{\overline{\text{RO}}}$$

$$= \frac{\sqrt{3}}{4} \times \frac{\frac{\sqrt{6}}{3}}{1} = \frac{\sqrt{2}}{4}$$

이다.

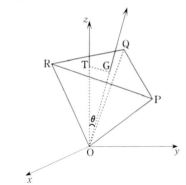

정답 20

두 평면의 법선벡터가 이루는 각

| 2012학년도 수능 |

좌표공간에서 삼각형 ABC가 다음 조건을 만족시킨다.

(가) 삼각형 ABC의 넓이는 6이다.
(나) 삼각형 ABC의 yz평면 위로의 정사영의 넓이는 3이다.

삼각형 ABC의 평면 $x-2y+2z=1$ 위로의 정사영의 넓이의 최댓값은?

① $2\sqrt{6}+1$ ② $2\sqrt{2}+3$ ③ $3\sqrt{5}-1$
④ $2\sqrt{5}+1$ ⑤ $3\sqrt{6}-2$

| 문제 풀이 |

STEP1

삼각형 ABC를 포함하는 평면과 yz평면이 이루는 각의 크기는 $\dfrac{\pi}{3}$이므로 삼각형 ABC를 포함하는 평면의 법선벡터 $\vec{h}$와 yz평면의 법선벡터 $\vec{h_1}=(1,0,0)$이 이루는 각의 크기는

$\dfrac{\pi}{3}$ 또는 $\dfrac{2}{3}\pi$

따라서

$\vec{h}$의 종점의 자취의 방정식은 다음과 같이 놓을 수 있다.

$x=1,\ y^2+z^2=3$

또는

$x=-1,\ y^2+z^2=3$

이때,

평면 $x-2y+2z=1$의 법선벡터
$\vec{h_2}=(1,-2,2)$

에 대하여

TIP

세 법선벡터 $\vec{h}, \vec{h_1}, \vec{h_2}$의 시점은 모두 원점 O이다.

STEP2

두 점

$(1, 0, 0), (1, -2, 2)$

를 지나는 직선

$x = 1, z = -y$

와

$x = 1, y^2 + z^2 = 3$

의 교점

$\left(1, -\dfrac{\sqrt{6}}{2}, \dfrac{\sqrt{6}}{2}\right), \left(1, \dfrac{\sqrt{6}}{2}, -\dfrac{\sqrt{6}}{2}\right)$

에서

$\overrightarrow{h} = \left(1, -\dfrac{\sqrt{6}}{2}, \dfrac{\sqrt{6}}{2}\right)$

일 때

$\overrightarrow{h}, \overrightarrow{h_2}$가 이루는 각의 크기는

최소이다.

이때,

$\overrightarrow{h}, \overrightarrow{h_2}$가 이루는 각의 크기를 θ

라 하면

$\cos\theta = \dfrac{1 + 2\sqrt{6}}{6}$

이므로

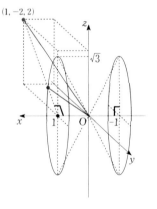

STEP3

구하는 값은

$\triangle\text{ABC} \times \cos\theta$

$= 6 \times \dfrac{1 + 2\sqrt{6}}{6}$

$= 1 + 2\sqrt{6}$

정답 ①

두 평면의 법선벡터가 이루는 각

| 2015학년도 수능 |

좌표공간에

구 $S : x^2 + y^2 + z^2 = 50$과 점 $\mathrm{P}(0, 5, 5)$가 있다. 다음 조건을 만족시키는 모든 원 C에 대하여 C의 xy평면 위로의 정사영의 넓이의 최댓값을 $\dfrac{q}{p}\pi$라 하자. $p+q$의 값을 구하시오. (단, p와 q는 서로소인 자연수이다.)

(가) 원 C는 점 P를 지나는 평면과 구 S가 만나서 생긴다.

(나) 원 C의 반지름의 길이는 1이다.

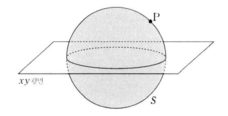

| 문제 풀이 |

STEP1

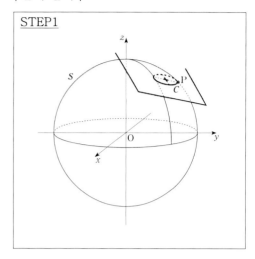

STEP2

구의 중심 O에서 원 C를 포함하는 평면에 내린 수선의 발 M은 원 C의 중심이므로 원 C를 포함하는 평면의 법선벡터는 그림과 같다. 이때, xy평면의 법선벡터 z축과 이루는 예각의 크기를 θ라 하면 원 C의 xy평면 위로의 정사영의 넓이는

$$\pi \times \cos\theta$$

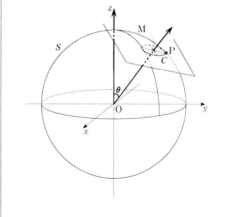

STEP3

점 P를 한 끝점으로 하는 원 C의 지름의 다른 끝점을 Q라 하면

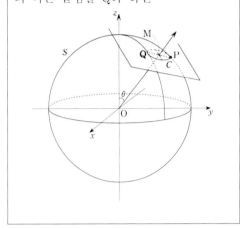

STEP4

점 Q의 자취는 꼭짓점이 P이고 모선의 길이가 2(원 C의 지름의 길이)인 원뿔의 밑면의 둘레이다.

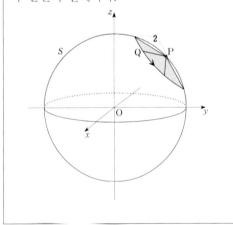

STEP5

따라서

yz평면 위의 점 P에 대하여

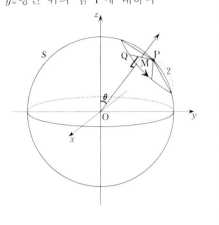

STEP6

점 Q가 그림과 같이 yz평면 위에 있을 때 두 법선벡터가 이루는 예각의 크기 θ는 최소이다.

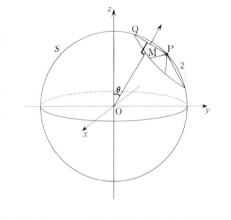

<u>STEP7</u>

점 P의 좌표

$\quad P(0, 5, 5)$

에 대하여

$\quad \overline{OP} = 5\sqrt{2}$

이므로

$\quad \overline{OM} = \sqrt{\overline{OP}^2 - \overline{MP}^2} = 7$

또,

선분 OP와 z축이 이루는 각의

크기는 $\dfrac{\pi}{4}$

이므로

$\quad \angle POM = \dfrac{\pi}{4} - \theta$

따라서

$\quad \cos\left(\dfrac{\pi}{4} - \theta\right) = \dfrac{7}{5\sqrt{2}}, \sin\left(\dfrac{\pi}{4} - \theta\right) = \dfrac{1}{5\sqrt{2}}$

이때,

삼각함수의 덧셈정리를 이용하면

$\quad \dfrac{1}{\sqrt{2}}\cos\theta + \dfrac{1}{\sqrt{2}}\sin\theta = \dfrac{7}{5\sqrt{2}}$

$\quad \dfrac{1}{\sqrt{2}}\cos\theta - \dfrac{1}{\sqrt{2}}\sin\theta = \dfrac{1}{5\sqrt{2}}$

이므로

$\quad \cos\theta = \dfrac{4}{5}$

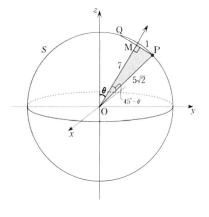

<u>STEP8</u>

따라서

원 C의 xy평면 위로의 정사영의

넓이의 최댓값은 $\pi \times \dfrac{4}{5}$

이다.

정답 9

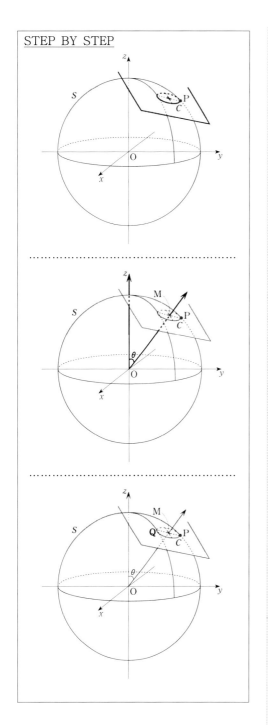

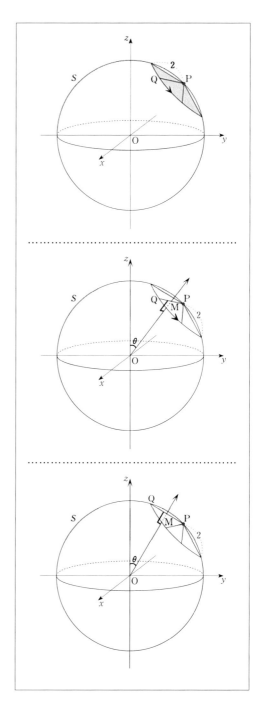

구와 평면의 위치 관계

| 2009학년도 수능 |

좌표공간에서 구 $S : x^2 + y^2 + z^2 = 4$와 평면 $\alpha : y - \sqrt{3}\,z = 2$가 만나서 생기는 원을 C라 하자. 원 C 위의 점 $A(0, 2, 0)$에 대하여 원 C의 지름의 양 끝점 P, Q를 $\overline{AP} = \overline{AQ}$가 되도록 잡고, 점 P를 지나고 평면 α에 수직인 직선이 구 S와 만나는 또 다른 점을 R라 하자. 삼각형 ARQ의 넓이를 s라 할 때, s^2의 값을 구하시오.

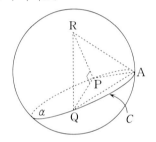

| 문제 풀이 |

STEP1

구와 평면 α가 만나서 생기는 원 C의 중심을 M이라 하면

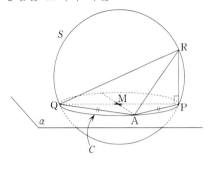

STEP2

구 위의 세 점 P, Q, R을 포함하는 평면은 원 C의 중심 M을 포함하고 평면 α에 수직이므로 구와 만나서 생기는 원의 중심은 구의 중심 원점 O이고 원의 지름은 선분 RQ이다. 따라서 S는 선분 RQ를 지름으로 하는 구이다.

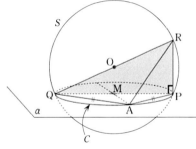

TIP

$$\angle \text{RPQ} = \frac{\pi}{2}$$

이므로

STEP3

따라서

$$\angle\, RAQ = \frac{\pi}{2}$$

이므로

삼각형 ARQ는 직각삼각형

이다.

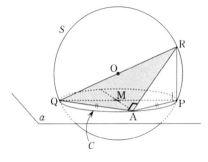

STEP4

구의 중심 O와 평면 α 사이의 거리

$$\overline{OM} = 1$$

이고

$$\overline{OQ} = 2 \text{(구의 반지름의 길이)}$$

이므로

$$\overline{MQ} = \sqrt{3}$$

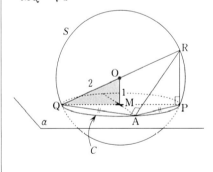

STEP5

이때,

직각이등변삼각형 AMQ에서

$$\overline{AQ} = \sqrt{6}$$

이므로

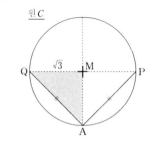

STEP6

$$\overline{RA} = \sqrt{\overline{RQ}^2 - \overline{AQ}^2} = \sqrt{10}$$

따라서

s의 값은

$$\frac{1}{2} \times \overline{AQ} \times \overline{RA} = \sqrt{15}$$

이다.

정답 15

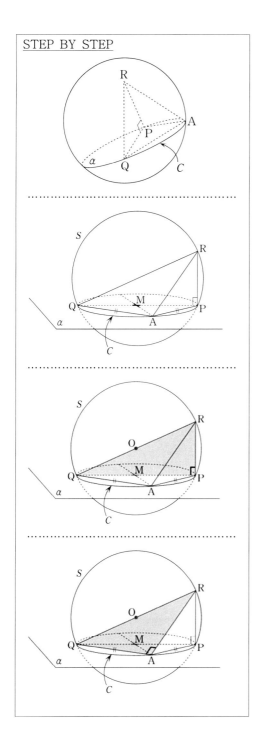

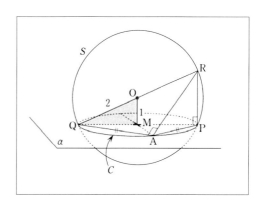

| 2010학년도 9월 평가원 |

좌표공간에서 구 $x^2+y^2+z^2=50$이 두 평면 $\alpha : x+y+2z=15,\ \beta : x-y-4\sqrt{3}\,z=25$와 만나서 생기는 원을 각각 $C_1,\ C_2$라 하자. 원 C_1 위의 점 P와 원 C_2 위의 점 Q에 대하여 $\overline{PQ}^2$의 최솟값을 구하시오.

| 문제 풀이 |

STEP1

$\overline{PQ}$의 값이 최소가 되도록 하는 두 점 P, Q의 위치는?

(O는 원점이다.)

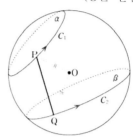

STEP2

구의 중심 O에서 두 평면 $\alpha,\ \beta$에 내린 수선의 발을 각각 $M_1,\ M_2$라 하고 두 평면 $\alpha,\ \beta$의 교선 l에 내린 수선의 발을 H 라 하면

　삼수선의 정리에 의하여
$$\overline{M_1H}\perp l,\ \overline{M_2H}\perp l$$
이므로

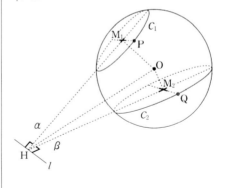

STEP3

점 P가 선분 M_1H와 원 C_1이 만나는 점에 위치하고 점 Q는 선분 M_2H와 원 C_2가 만나는 점에 위치할 때 $\overline{PQ}$의 값은 최소이다.

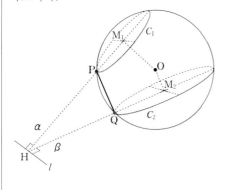

STEP4

두 평면 α, β가 이루는 예각의 크기를 θ라 하면

$$\cos \theta = \frac{4}{5}$$

이때,

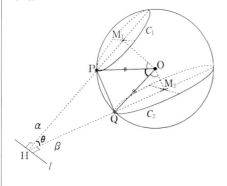

STEP5

직각삼각형 POM_1에서

$$\angle POM_1 = \theta_1$$

이라 하면

$$\overline{OP} = 5\sqrt{2}, \ \overline{OM_1} = \frac{15}{\sqrt{6}}$$

이므로

$$\cos \theta_1 = \frac{\overline{OM_1}}{\overline{OP}} = \frac{\sqrt{3}}{2} \quad \therefore \theta_1 = \frac{\pi}{6}$$

또, 직각삼각형 QOM_2에서

$$\angle QOM_2 = \theta_2$$

라 하면

$$\overline{OQ} = 5\sqrt{2}, \ \overline{OM_2} = \frac{25}{\sqrt{50}}$$

이므로

$$\cos \theta_2 = \frac{\overline{OM_2}}{\overline{OQ}} = \frac{1}{2} \quad \therefore \theta_2 = \frac{\pi}{3}$$

따라서

사각형 M_1HM_2O에서

$$\angle POQ = \frac{\pi}{2} - \theta$$

이므로

삼각형 POQ에서 제2코사인법칙을 쓰면

$$\overline{PQ}^2 = 40$$

이다.

정답 40

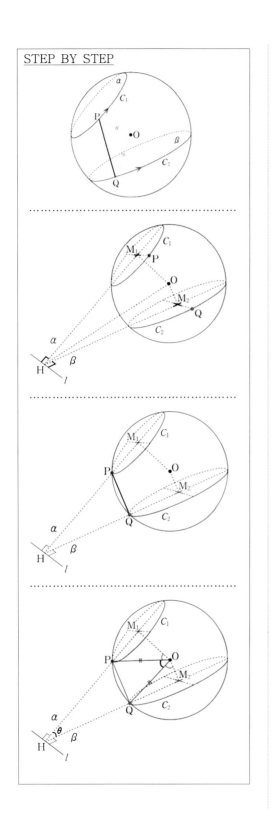

구의 방정식

구와 평면의 위치 관계

| 2011년 10월 교육청 |

좌표공간에서

중심이 원점이고 직선 $x+1=2-y=z$와 서로 다른 두 점 A, B에서 만나는 구와 이 구 위를 움직이는 점 P가 있다. 두 벡터 $\overrightarrow{AP}$, $\overrightarrow{AB}$에 대하여 $\overrightarrow{AP} \cdot \overrightarrow{AB} = |\overrightarrow{AB}|^2$이 성립할 때, 점 P가 나타내는 도형의 길이는?

① π ② 2π ③ $2\sqrt{2}\,\pi$

④ $2\sqrt{3}\,\pi$ ⑤ 4π

STEP1

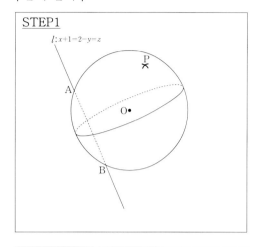

$l : x+1 = 2-y = z$

STEP2

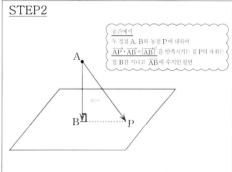

공간에서
두 정점 A, B와 동점 P에 대하여
$\overrightarrow{AP} \cdot \overrightarrow{AB} = |\overrightarrow{AB}|^2$ 을 만족시키는 점 P의 자취는
점 B를 지나고 $\overrightarrow{AB}$에 수직인 평면

STEP3

따라서 구 위의 점 P가 나타내는 도형은 점 B를 지나고 $\overrightarrow{AB}$에 수직인 평면과 구가 만나서 생기는 원 C이다. 이때, C의 중심 M에 대하여

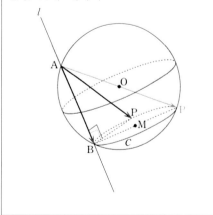

STEP4

선분 OM은 직선 l과 평행하므로 원점 O에서 직선 l에 내린 수선의 발을 H라 하면 원 C의 반지름의 길이는 선분 OH의 길이와 같다.

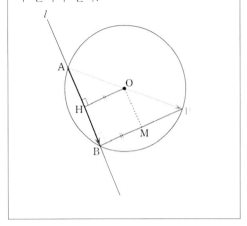

STEP5

직선 l의 방정식에서

$$x+1=2-y=z(=t)$$

라 하면

점 H의 좌표는 다음과 같이 놓을 수 있다.

$$H(t-1, 2-t, t)$$

이때,

직선 l의 방향벡터 $\vec{d}=(1, -1, 1)$

에 대하여

$$\overrightarrow{OH} \cdot \vec{d}=0$$

이므로

$$(t-1)+(t-2)+t=0$$

$$\therefore t=1$$

따라서

점 H의 좌표는

$$H(0, 1, 1)$$

이므로

점 P가 나타내는 도형의 길이는

$$2\pi \times \overline{OH}=2\sqrt{2}\,\pi$$

이다.

정답 ③

구와 평면의 위치 관계

| 2018학년도 수능 |

좌표공간에

구 $x^2+y^2+z^2=6$이 평면 $x+2z-5=0$과 만나서 생기는 원 C가 있다. 원 C 위의 점 중 y좌표가 최소인 점을 P라 하고, 점 P에서 xy평면에 내린 수선의 발을 Q라 하자. 원 C 위를 움직이는 점 X에 대하여 $|\overrightarrow{PX}+\overrightarrow{QX}|^2$의 최댓값은 $a+b\sqrt{30}$이다. $10(a+b)$의 값을 구하시오.

(단, a와 b는 유리수이다.)

| 문제 풀이 |

STEP1

구의 중심 O에서 평면 $x+2z-5=0$에 내린 수선의 발 H는 점 O를 지나고 평면 $x+2z-5=0$의 법선벡터 $\vec{h}$에 평행한 직선 위의 점이므로 다음과 같이 놓을 수 있다.

$\qquad$ H$(t, 0, 2t)$

그런데

$\qquad$ 점 H는 평면 $x+2z-5=0$ 위의 점

$\qquad$ 이므로

$\qquad\qquad t+2\times 2t-5=0$

$\qquad\qquad\qquad\qquad \therefore t=1$

따라서

$\qquad$ 원 C의 중심의 좌표는

$\qquad\qquad$ H$(1, 0, 2)$

또,

$\qquad \overline{\mathrm{OH}}=\sqrt{5}$

이므로

$\qquad$ 원 C의 반지름의 길이는 1

이다.

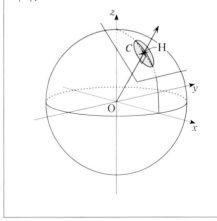

STEP2

평면 $x+2z-5=0$에 수직인 직선 OH는 y축에 수직이므로 평면 $x+2z-5=0$은 y축과 평행하다. 따라서 원 C 위의 점 중 y좌표가 최소인 점 P의 좌표는

$$\overrightarrow{OP}=\overrightarrow{OH}+\overrightarrow{HP}$$
$$=(1,0,2)+(0,-1,0)$$
$$=(1,-1,2)$$

이므로

$$P(1,-1,2)$$

이고

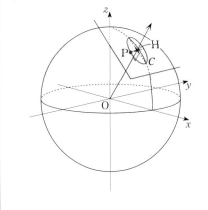

STEP3

점 P에서 xy평면에 내린 수선의 발 Q 의 좌표는

$$Q(1,-1,0)$$

이다.

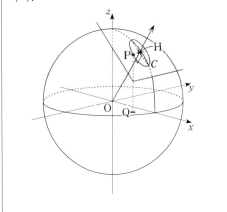

STEP4

이때,

선분 PQ의 중점을 M

이라 하면

점 M의 좌표는

$$M(1,-1,1)$$

이고

$$|\overrightarrow{PX}+\overrightarrow{QX}|^2=4|\overrightarrow{MX}|^2$$

이다.

점 M에서 평면 $x+2z-5=0$에 내린 수선의 발을 R

이라 하면

$|\overrightarrow{MX}|^2$의 최댓값은

$$\overline{MR}^2+(\overline{RH}+\overline{HX})^2$$
$$=\overline{MR}^2+\left(\sqrt{\overline{MH}^2-\overline{MR}^2}+\overline{HX}\right)^2$$
$$=\left(\frac{2}{\sqrt{5}}\right)^2+\left(\sqrt{(\sqrt{2})^2-\left(\frac{2}{\sqrt{5}}\right)^2}+1\right)^2$$
$$=3+\frac{2}{5}\sqrt{30}$$

따라서

$|\overrightarrow{PX}+\overrightarrow{QX}|^2$의 최댓값은

$$4\times\left(3+\frac{2}{5}\sqrt{30}\right)$$

이므로

정답 136

구에 접하는 평면의 방정식

| 2016학년도 9월 평가원 |

좌표공간에 두 개의 구

$$S_1 : x^2 + y^2 + (z-3)^2 = 1$$
$$S_2 : x^2 + y^2 + (z+3)^2 = 4$$

가 있다. 점 $P\left(\dfrac{1}{2}, \dfrac{\sqrt{3}}{6}, 0\right)$을 포함하고 S_1과

S_2에 동시에 접하는 평면을 α라 하자.

점 $Q(k, -\sqrt{3}, 2)$가 평면 α 위의 점일 때,

$120k$의 값을 구하시오.

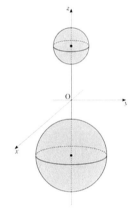

| 문제 풀이 |

STEP1

두 구 S_1, S_2의 중심을 각각 C_1, C_2라 하

고 평면 α와 접하는 점을 각각 A_1, A_2라

하면

$$\overrightarrow{C_1A_1} \perp \alpha, \ \overrightarrow{C_2A_2} \perp \alpha$$

이고

$$|\overrightarrow{C_1A_1}| = 1, \ |\overrightarrow{C_2A_2}| = 2$$

이다.

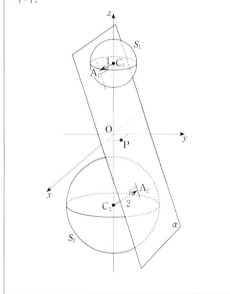

평면 α 위의 점 P에서 $\overrightarrow{C_1A_1}$에 내린 수
선의 발은 A_1이므로

$$\overrightarrow{C_1P} \cdot \overrightarrow{C_1A_1} = \left|\overrightarrow{C_1A_1}\right|^2$$

따라서

$$\overrightarrow{C_1P} \cdot \overrightarrow{C_1A_1} = 1$$

이고

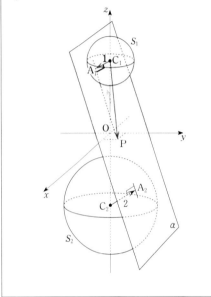

평면 α 위의 점 P에서 $\overrightarrow{C_2A_2}$에 내린 수
선의 발은 A_2이므로

$$\overrightarrow{C_2P} \cdot \overrightarrow{C_2A_2} = \left|\overrightarrow{C_2A_2}\right|^2$$

따라서

$$\overrightarrow{C_2P} \cdot \overrightarrow{C_2A_2} = 4$$

이다.

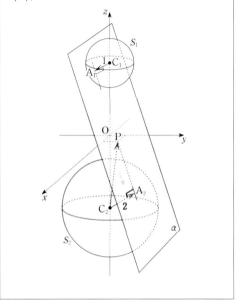

STEP4

<u>STEP1</u>에서

$$\overrightarrow{C_1A_1}=(a,\,b,\,c)$$

라 하면

$$a^2+b^2+c^2=1 \quad\cdots\cdots①$$

이고

$$\overrightarrow{C_2A_2}=-2\overrightarrow{C_1A_1}=-2(a,\,b,\,c)$$

<u>STEP2</u>에서

$$\overrightarrow{C_1P}\cdot\overrightarrow{C_1A_1}=1$$

에 대하여

$$\overrightarrow{C_1P}=\left(\frac{1}{2},\,\frac{\sqrt{3}}{6},\,-3\right),\ \overrightarrow{C_1A_1}=(a,\,b,\,c)$$

를 대입하면

$$\frac{1}{2}a+\frac{\sqrt{3}}{6}b-3c=1 \quad\cdots\cdots②$$

<u>STEP3</u>에서

$$\overrightarrow{C_2P}\cdot\overrightarrow{C_2A_2}=4$$

에 대하여

$$\overrightarrow{C_2P}=\left(\frac{1}{2},\,\frac{\sqrt{3}}{6},\,3\right),\ \overrightarrow{C_2A_2}=-2(a,\,b,\,c)$$

를 대입하면

$$\frac{1}{2}a+\frac{\sqrt{3}}{6}b+3c=-2 \quad\cdots\cdots③$$

이때,

두 식 ②, ③을 연립하면

$$c=-\frac{1}{2} \quad\cdots\cdots④$$

이고

④를 ①, ②에 대입하면

$$a^2+b^2=\frac{3}{4},\ \frac{1}{2}a+\frac{\sqrt{3}}{6}b=-\frac{1}{2}$$

이므로

$$a=-\frac{3}{4},\,b=-\frac{\sqrt{3}}{4}$$

이다.

STEP5

평면 α의 방정식은

$$-\frac{3}{4}\left(x-\frac{1}{2}\right)-\frac{\sqrt{3}}{4}\left(y-\frac{\sqrt{3}}{6}\right)-\frac{1}{2}z=0$$

이므로

점 $Q\left(k,\,-\sqrt{3},\,2\right)$의 좌표를 대입

하면

$$k=\frac{1}{3}$$

정답 40

STEP6

그림과 같이 두 구에 접하는 평면 β는
점 P를 포함하지 않는다.

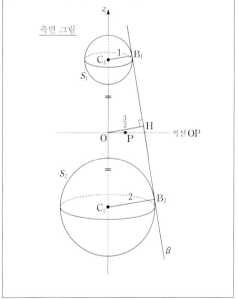

측면 그림

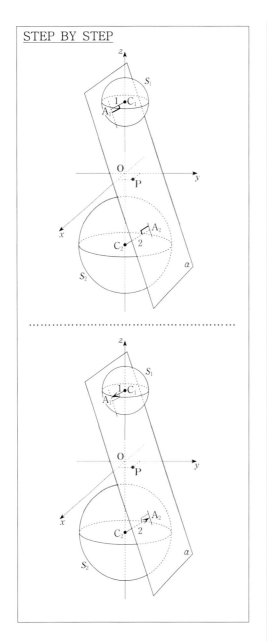

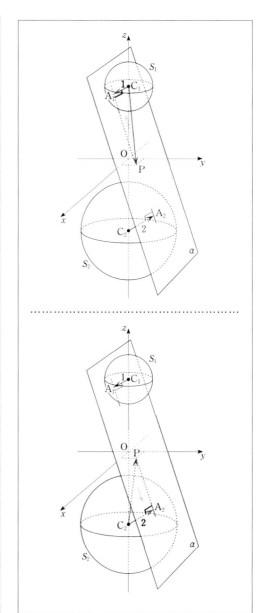

구에 접하는 평면의 방정식

| 2016학년도 사관학교 |

좌표공간에서

구 $(x-2)^2+(y-2)^2+(z-1)^2=9$와 xy평면이 만나서 생기는 원 위의 한 점을 P라 하자. P에서 이 구와 접하고 점 $A(3,3,-4)$를 지나는 평면을 α라 할 때, 원점과 평면 α 사이의 거리는?

① $\dfrac{14}{3}$ ② 5 ③ $\dfrac{16}{3}$

④ $\dfrac{17}{3}$ ⑤ 6

| 문제 풀이 |

STEP1

구의 중심을 C라 하면

평면 α는 $\overrightarrow{CP}$에 수직

이고

$|\overrightarrow{CP}|=3$

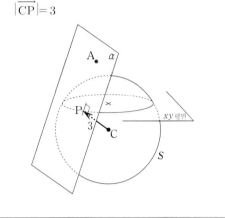

STEP2

평면 α 위의 점 A에서 $\overrightarrow{CP}$에 내린 수선의 발은 점 P이므로

$$\overrightarrow{CA} \cdot \overrightarrow{CP}=|\overrightarrow{CP}|^2$$

따라서

$$\overrightarrow{CA} \cdot \overrightarrow{CP}=9$$

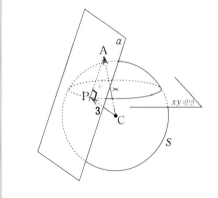

STEP1에서
$$\overrightarrow{\text{CP}} = (a, b, c)$$
라 하면
$$a^2 + b^2 + c^2 = 9 \ \cdots\cdots①$$
STEP2에서
$$\overrightarrow{\text{CA}} \cdot \overrightarrow{\text{CP}} = 9$$
에 대하여
$$\overrightarrow{\text{CA}} = (1, 1, -5), \ \overrightarrow{\text{CP}} = (a, b, c)$$
를 대입하면
$$a + b - 5c = 9 \ \cdots\cdots②$$

한편,
$$\overrightarrow{\text{CP}} = (a, b, c)$$
에 대하여
원점 O를 시점으로 하는 위치벡터로
정리하면
$$\overrightarrow{\text{OP}} = (a + 2, b + 2, c + 1)$$
그런데
P는 xy평면 위의 점
이므로
$$c = -1 \ \cdots\cdots③$$

③을 ①, ②에 대입하면
$$a^2 + b^2 = 8, \ a + b = 4$$
이므로
$$a = 2, \ b = 2$$
따라서
평면 α의 방정식은
$$2(x-3) + 2(y-3) - (z+4) = 0$$
이다.
원점과 평면 α 사이의 거리는
$$\frac{|-16|}{\sqrt{2^2 + 2^2 + (-1)^2}} = \frac{16}{3}$$
이므로

정답 ③

평면의 방정식

벡터의 내적의 기하학적 의미

| 2007학년도 수능 |

좌표공간의 점 A(3, 6, 0)에서

평면 $\sqrt{3}\,y-z=0$에 내린 수선의 발을 B라

할 때, $\overrightarrow{OA} \cdot \overrightarrow{OB}$의 값을 구하시오.

(단, O는 원점이다.)

STEP1

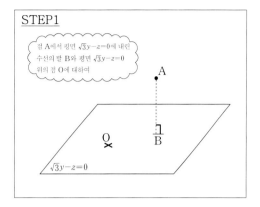

점 A에서 평면 $\sqrt{3}\,y-z=0$에 내린
수선의 발 B와 평면 $\sqrt{3}\,y-z=0$
위의 점 O에 대하여

STEP2

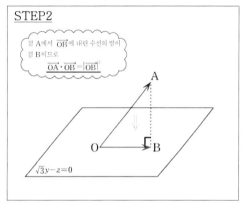

점 A에서 $\overrightarrow{OB}$에 내린 수선의 발이
점 B이므로

$$\overrightarrow{OA} \cdot \overrightarrow{OB} = |\overrightarrow{OB}|^2$$

STEP3

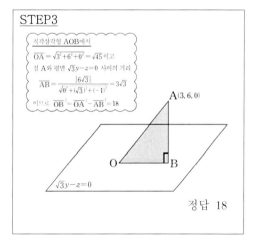

직각삼각형 AOB에서

$\overline{OA} = \sqrt{3^2+6^2+0^2} = \sqrt{45}$ 이고

점 A와 평면 $\sqrt{3}\,y-z=0$ 사이의 거리

$\overline{AB} = \dfrac{|6\sqrt{3}|}{\sqrt{0^2+(\sqrt{3})^2+(-1)^2}} = 3\sqrt{3}$

이므로 $\overline{OB}^2 = \overline{OA}^2 - \overline{AB}^2 = 18$

정답 18

직선과 평면의 방정식

벡터의 내적의 기하학적 의미

| 2015학년도 수능 |

좌표공간에서 직선 $l:\dfrac{x}{2}=6-y=z-6$과 평면 α가 점 $P(2,5,7)$에서 수직으로 만난다. 직선 l 위의 점 $A(a,b,c)$와 평면 α 위의 점 Q에 대하여 $\overrightarrow{AP}\cdot\overrightarrow{AQ}=6$일 때, $a+b+c$의 값은? (단, $a>0$)

① 15   ② 16   ③ 17

④ 18   ⑤ 19

| 문제 풀이 |

STEP1

A는 직선 l 위의 점이므로
$l:\dfrac{x}{2}=6-y=z-6(=t)$라 하면
A의 좌표는 다음과 같이 놓을 수 있다.

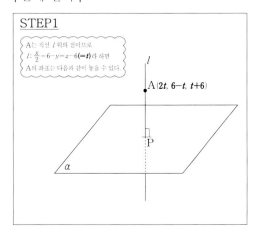

A$(2t,\ 6-t,\ t+6)$

STEP2

평면 α 위의 점 Q에서 $\overrightarrow{AP}$에 내린 수선의 발이 점 P이므로
$\overrightarrow{AP}\cdot\overrightarrow{AQ}=|\overrightarrow{AP}|^2$ $\therefore |\overrightarrow{AP}|=\sqrt{6}$

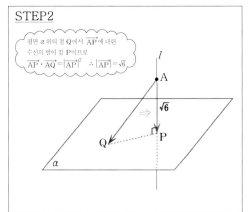

STEP3

$\overrightarrow{AP}=(2-2t,\,t-1,\,1-t)$

이므로

$|\overrightarrow{AP}|=\sqrt{6}$

을 만족시키는 양수 t의 값은

$t=2$

따라서

점 A의 좌표는

$A(4,4,8)$

이다.

정답 ②

| 2009년 10월 교육청 |

좌표공간에서 직선 $l : \dfrac{x}{2} = -y = -\dfrac{z}{2}$ 와 평면 $\alpha : x+y+z=2$ 가 만나는 점을 A라 하자. 점 P가 $\overrightarrow{\text{OA}} \cdot \overrightarrow{\text{OP}} = |\overrightarrow{\text{OP}}|^2$ 을 만족시킬 때, 점 P 와 평면 α 사이의 거리의 최댓값은?

(단, O는 원점이다.)

① $3 + \dfrac{\sqrt{3}}{3}$ ② $3 + \dfrac{\sqrt{6}}{3}$ ③ $4 + \dfrac{\sqrt{3}}{3}$

④ $4 + \dfrac{\sqrt{6}}{3}$ ⑤ $5 + \dfrac{\sqrt{3}}{3}$

| 문제 풀이 |

STEP1

직선과 평면이 만나는 점 A와 직선 위의 원점 O에 대하여

$$\overrightarrow{\text{OA}} \cdot \overrightarrow{\text{OP}} = |\overrightarrow{\text{OP}}|^2$$

이므로

점 P가 나타내는 도형은 선분 OA를 지름으로 하는 구

이다.

구의 중심 C에 대하여

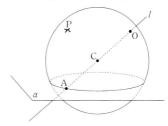

TIP

점 A에서 $\overrightarrow{\text{OP}}$ 에 내린 수선의 발은 P 이므로

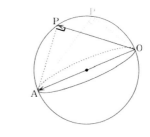

STEP2

점 C에서 평면 α에 내린 수선의 발을 H라 하면 세 점 P, C, H가 그림과 같이 한 직선 위에 있을 때

　점 P와 평면 α 사이의 거리는 최대이다.

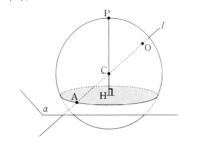

STEP3

직선의 방정식에서

$$\frac{x}{2} = -y = -\frac{z}{2}(=t)$$

라 하면

　점 A의 좌표는 다음과 같이 놓을 수 있다.

　　$A(2t, -t, -2t)$

그런데

　점 A는 평면 α 위에 있으므로

　　$2t + (-t) + (-2t) = 2$

　　　　　　$\therefore t = -2$

따라서

　점 A의 좌표는

　　$A(-4, 2, 4)$

이므로

　점 C의 좌표는

　　$C(-2, 1, 2)$

이고

　구의 반지름의 길이는

　　$\overline{CO} = 3$

또,

　점 C와 평면 α 사이의 거리는

　　$\overline{CH} = \dfrac{1}{\sqrt{3}}$

이다.

　구하는 최댓값은

　　$\overline{CP} + \overline{CH} = 3 + \dfrac{1}{\sqrt{3}}$

　　　　　　　　　　정답 ①

| 2015년 10월 교육청 |

좌표공간에서 구 $S: x^2+y^2+(z-3)^2=4$와 평면 $x-y+z-6=0$이 만나서 생기는 원을 C라 하자. 구 S 위의 점 $A(\sqrt{2},\ \sqrt{2},\ 3)$과 원 C 위를 움직이는 점 B에 대하여 두 벡터 $\overrightarrow{OA},\ \overrightarrow{OB}$의 내적 $\overrightarrow{OA} \cdot \overrightarrow{OB}$의 최댓값과 최솟값의 곱을 구하시오. (단, O는 원점이다.)

| 문제 풀이 |

STEP1

중심이 $M(1,\ -1,\ 4)$이고 반지름의 길이가 1인 원 C 위를 움직이는 점 B와 구 위의 점 A, 구 밖의 점 O에 대하여

$$\overrightarrow{OA} \cdot \overrightarrow{OB} > 0$$

이므로

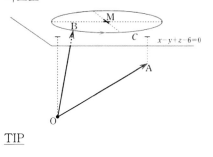

<u>TIP</u>

STEP2

점 M을 지나고 $\overrightarrow{OA}$에 평행한 직선 l을 그었을 때 두 직선 l과 OA를 포함하는 평면이 원 C와 만나서 생기는 지름의 양 끝점에서 $\overrightarrow{OA}$에 내린 수선의 발을 각각 $H_1,\ H_2$라 하면

$\overrightarrow{OA} \cdot \overrightarrow{OB}$의 최댓값은

$$\overrightarrow{OA} \times \overrightarrow{OH_1}$$

이고

$\overrightarrow{OA} \cdot \overrightarrow{OB}$의 최솟값은

$$\overrightarrow{OA} \times \overrightarrow{OH_2}$$

이다.

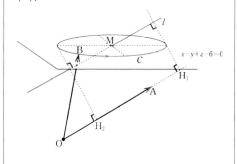

STEP3

점 M에서 $\overrightarrow{OA}$에 내린 수선의 발을 I라 하면

$$\overline{OH_1} = \overline{OI} + \overline{IH_1}$$

이고

$$\overline{OH_2} = \overline{OI} - \overline{IH_2}$$

이다.

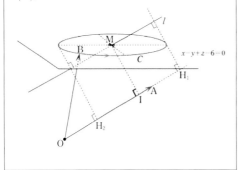

STEP4

또,

$$\overrightarrow{OA} \cdot \overrightarrow{OM} = \overline{OI} \times \overline{OA}$$

이므로

$$(\sqrt{2},\ \sqrt{2},\ 3) \cdot (1,\ -1,\ 4) = \overline{OI} \times \sqrt{13}$$

따라서

$$\overline{OI} = \frac{12}{\sqrt{13}}$$

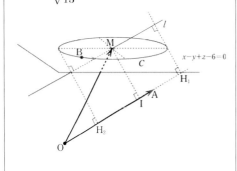

STEP5

직선 l과 평면 $x - y + z - 6 = 0$이 이루는 예각의 크기를 θ라 하면

$$\cos\left(\frac{\pi}{2} - \theta\right) = \frac{\sqrt{3}}{\sqrt{13}}$$

즉,

$$\sin\theta = \frac{\sqrt{3}}{\sqrt{13}}$$

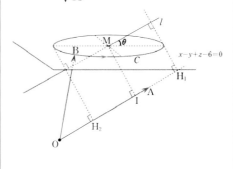

STEP6

따라서

$$\cos\theta = \frac{\sqrt{10}}{\sqrt{13}}$$

이므로

원 C의 반지름을 빗변으로 하는 서로 합동인 두 직각삼각형에서

$$\overline{IH_1} = \overline{IH_2} = \frac{\sqrt{10}}{\sqrt{13}}$$

이다.

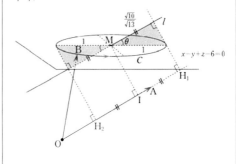

STEP7

따라서

$\overrightarrow{OA} \cdot \overrightarrow{OB}$ 의 최댓값은

$\overrightarrow{OA} \times \overrightarrow{OH_1}$

$= \overrightarrow{OA} \times \left(\overrightarrow{OI} + \overrightarrow{IH_1} \right)$

$= \sqrt{13} \times \left(\dfrac{12}{\sqrt{13}} + \dfrac{\sqrt{10}}{\sqrt{13}} \right)$

$= 12 + \sqrt{10}$

이고

$\overrightarrow{OA} \cdot \overrightarrow{OB}$ 의 최솟값은

$\overrightarrow{OA} \times \overrightarrow{OH_2}$

$= \overrightarrow{OA} \times \left(\overrightarrow{OI} - \overrightarrow{IH_2} \right)$

$= \sqrt{13} \times \left(\dfrac{12}{\sqrt{13}} - \dfrac{\sqrt{10}}{\sqrt{13}} \right)$

$= 12 - \sqrt{10}$

이다.

정답 134

TIP

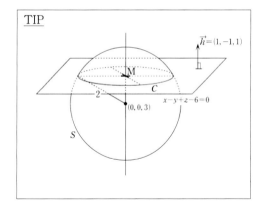

벡터의 내적

벡터의 내적의 기하학적 의미

| 2016년 10월 교육청 |

좌표공간에서 두 점 $A(0, 0, 2), B(2, 4, -2)$ 에 대하여 두 점 P, Q가 다음 조건을 만족시 킨다.

(가) $\overrightarrow{OA} \cdot \overrightarrow{OP} = 0, |\overrightarrow{OP}| = 3$

(나) $\overrightarrow{AB} \cdot \overrightarrow{BQ} = 0, |\overrightarrow{BQ}| = 2$

$\overrightarrow{OP} \cdot \overrightarrow{AQ}$의 최댓값이 $a + b\sqrt{5}$일 때, 두 유 리수 a, b에 대하여 ab의 값을 구하시오.

(단, O는 원점이다.)

| 문제 풀이 |

STEP1

점 P가 나타내는 도형은 xy평면 위에 중심이 O이고 반지름의 길이가 3인 원 이고 점 Q가 나타내는 도형은 점 B를 지나고 $\overrightarrow{AB}$에 수직인 평면 위에 중심이 B이고 반지름의 길이가 2인 원이다.

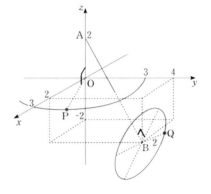

STEP2

그런데
$$\begin{aligned} \overrightarrow{OP} \cdot \overrightarrow{AQ} &= \overrightarrow{OP} \cdot (\overrightarrow{OQ} - \overrightarrow{OA}) \\ &= \overrightarrow{OP} \cdot \overrightarrow{OQ} \end{aligned}$$
이고
$$|\overrightarrow{OP}| = 3$$
이므로
$\overrightarrow{OQ}$의 $\overrightarrow{OP}$ 위로의 정사영
에 착안
$\overrightarrow{OP} \cdot \overrightarrow{OQ}$의 최댓값은?

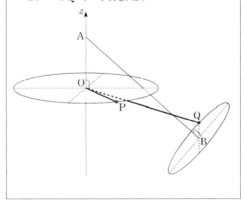

STEP3

두 점 A, B를 지나는 직선과 xy평면이 만나는 점을 C라 하고 점 B를 지나고 직선 OC에 평행한 점선이 z축과 만나는 점을 D라 하면 두 벡터 $\overrightarrow{OP}, \overrightarrow{OQ}$가 그림과 같이 두 직선 OC와 DB를 포함하는 평면 위에 있을 때

$\overrightarrow{OP} \cdot \overrightarrow{OQ}$의 값은 최대

이고

그 값은 $\overline{OP} \times \overline{OH}$

이다.

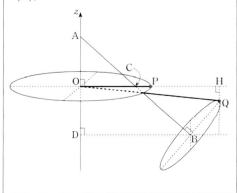

STEP4

점 B에서 직선 OC에 내린 수선의 발을 I라 하고 선분 BQ와 직선 DB가 이루는 예각의 크기를 θ라 하면

$$\overline{OH} = \overline{OI} + \overline{IH}$$
$$= \overline{DB} + \overline{BQ}\cos\theta$$

그런데

점 D의 좌표는

$$D(0, 0, -2)$$

이고

$$|\overrightarrow{BQ}| = 2$$

이므로

$$\overline{OH} = 2\sqrt{5} + 2\cos\theta$$

이때,

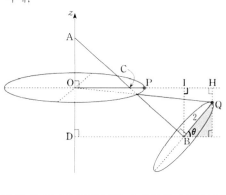

STEP5

$$\angle\,\mathrm{ABD} = \frac{\pi}{2} - \theta$$

이므로

직각삼각형 ABD에서

$$\sin\left(\frac{\pi}{2} - \theta\right) = \frac{\overline{\mathrm{AD}}}{\overline{\mathrm{BA}}} = \frac{2}{3}$$

즉,

$$\cos\theta = \frac{2}{3}$$

따라서

$\overrightarrow{\mathrm{OP}} \cdot \overrightarrow{\mathrm{OQ}}$의 최댓값은

$$\overline{\mathrm{OP}} \times \overline{\mathrm{OH}}$$
$$= 3 \times \left(2\sqrt{5} + 2\cos\theta\right)$$
$$= 4 + 6\sqrt{5}$$

이다.

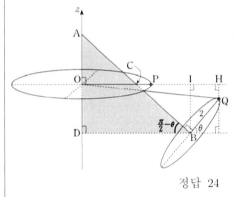

정답 24

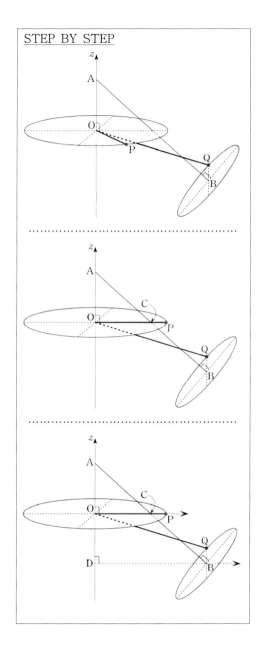

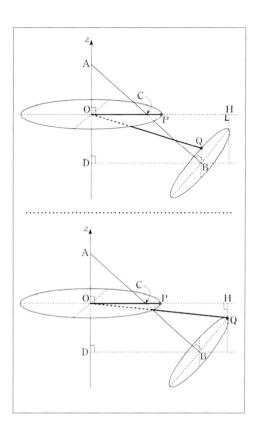

벡터의 내적의 기하학적 의미

| 2018학년도 9월 평가원 |

좌표공간에 세 점
$O(0, 0, 0)$, $A(1, 0, 0)$, $B(0, 0, 2)$가 있다. 점 P가 $\overrightarrow{OB} \cdot \overrightarrow{OP} = 0$, $|\overrightarrow{OP}| \leq 4$를 만족시키며 움직일 때, $|\overrightarrow{PQ}| = 1$, $\overrightarrow{PQ} \cdot \overrightarrow{OA} \geq \dfrac{\sqrt{3}}{2}$을 만족시키는 점 Q에 대하여 $|\overrightarrow{BQ}|$의 최댓값과 최솟값을 각각 M, m이라 하자.

$M + m = a + b\sqrt{5}$일 때, $6(a+b)$의 값을 구하시오. (단, a, b는 유리수이다.)

| 문제 풀이 |

STEP1

$\overrightarrow{OB} \cdot \overrightarrow{OP} = 0$

이고

$|\overrightarrow{OP}| \leq 4$

이므로

점 P가 나타내는 영역은 xy평면 위에 중심이 O이고 반지름의 길이가 4인 원의 둘레 및 내부이다.

또,

$|\overrightarrow{PQ}| = 1$

이므로

점 Q가 나타내는 도형은 중심이 P이고 반지름의 길이가 1인 구이다.

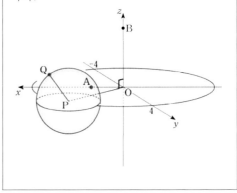

그림과 같이 구의 중심 P를 지나고 $\overrightarrow{OA}$ 에 평행한 점선을 그었을 때 구 위의 점 Q에서 점선에 내린 수선의 발을 H라 하면

$$\overrightarrow{PQ} \cdot \overrightarrow{OA} \geq \frac{\sqrt{3}}{2}$$

이므로

$$\frac{\sqrt{3}}{2} \leq \overline{PH} \leq 1$$

이다.

$\overline{PH} = \dfrac{\sqrt{3}}{2}$ 일 때 $\overline{QH} = \dfrac{1}{2}$

이므로

$\overrightarrow{PQ}$, $\overrightarrow{OA}$가 이루는 각의 크기 θ는

$$0 \leq \theta \leq \frac{\pi}{6}$$

이다.

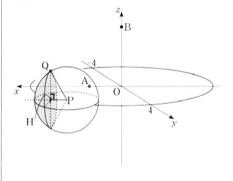

구의 중심 P의 좌표가

$$P(4, 0, 0)$$

일 때

$$\angle BPO < \frac{\pi}{6}$$

이므로

$|\overrightarrow{BQ}|$의 최댓값 M은

$$\overline{BP} + \overline{PQ}$$
$$= 2\sqrt{5} + 1$$

이고

구의 중심 P의 좌표가

$$P\left(-\frac{\sqrt{3}}{2}, 0, 0\right)$$

일 때

구와 z축의 교점의 좌표는 각각

$$\left(0, 0, \frac{1}{2}\right), \left(0, 0, -\frac{1}{2}\right)$$

이므로

$|\overrightarrow{BQ}|$의 최솟값 m은

$$\overline{BQ} = 2 - \frac{1}{2}$$

이다.

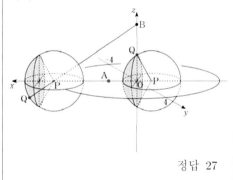

정답 27

벡터의 내적

벡터의 내적의 기하학적 의미

| 2016학년도 수능 |

좌표공간의 두 점
$A(2, \sqrt{2}, \sqrt{3})$, $B(1, -\sqrt{2}, 2\sqrt{3})$에 대하여
점 P는 다음 조건을 만족시킨다.

(가) $|\overrightarrow{AP}| = 1$
(나) $\overrightarrow{AP}$와 $\overrightarrow{AB}$가 이루는 각의 크기는
$\dfrac{\pi}{6}$이다.

중심이 원점이고 반지름의 길이가 1인 구 위
의 점 Q에 대하여 $\overrightarrow{AP} \cdot \overrightarrow{AQ}$의 최댓값이
$a + b\sqrt{33}$이다. $16(a^2 + b^2)$의 값을 구하시오.
(단, a, b는 유리수이다.)

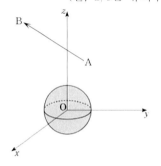

| 문제 풀이 |

STEP1

$|\overrightarrow{AP}| = 1$
이고
$\overrightarrow{AP}, \overrightarrow{AB}$가 이루는 각의 크기는 $\dfrac{\pi}{6}$
이므로
점 P가 나타내는 도형은 중심이 M
이고 반지름의 길이가 $\dfrac{1}{2}$인 원 C
이다.
$|\overrightarrow{AP}| = 1$
이므로
$\overrightarrow{AQ}$의 $\overrightarrow{AP}$ 위로의 정사영
에 착안
$\overrightarrow{AP} \cdot \overrightarrow{AQ}$의 최댓값은?

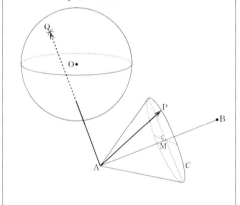

STEP2

두 벡터 $\overrightarrow{AP}, \overrightarrow{AQ}$가 그림과 같이 세 점

O, A, B를 포함하는 평면 위에 있을 때

$\overrightarrow{AP} \cdot \overrightarrow{AQ}$의 값은 최대

이고

그 값은 $\overline{AP} \times \overline{AH}$

이다.

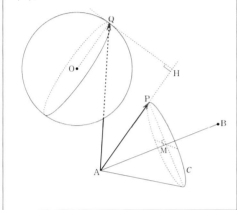

STEP3

점 O에서 $\overrightarrow{AP}$에 내린 수선의 발을 I라

하고 $\angle OAP = \theta$라 하면

$$\overline{AH} = \overline{AI} + \overline{IH}$$
$$= \overline{OA}\cos\theta + \overline{OQ}$$
$$= 3\cos\theta + 1$$

이때,

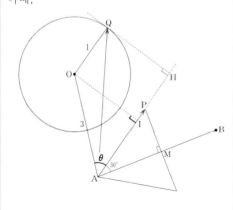

STEP4

두 벡터

$\overrightarrow{AO}, \overrightarrow{AB}$가 이루는 각

에 대하여

$$\cos(\angle OAB) = \frac{\sqrt{3}}{6}$$

이므로

$$\cos\theta = \cos(\angle OAB - 30°)$$
$$= \frac{\sqrt{3}}{6} \times \frac{\sqrt{3}}{2} + \frac{\sqrt{33}}{6} \times \frac{1}{2}$$
$$= \frac{1}{4} + \frac{\sqrt{33}}{12}$$

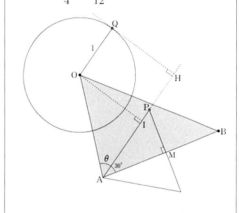

STEP5

따라서

$\overrightarrow{AP} \cdot \overrightarrow{AQ}$의 최댓값은

$$\overline{AP} \times \overline{AH}$$
$$= 1 \times (3\cos\theta + 1)$$
$$= \frac{7}{4} + \frac{\sqrt{33}}{4}$$

이다.

정답 50

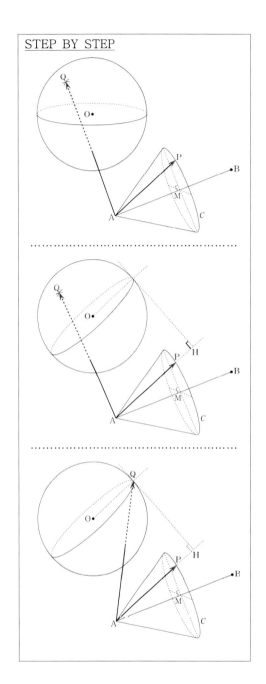

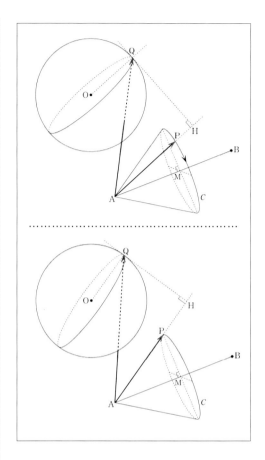

직선과 평면의 방정식
벡터의 내적과 성분

| 2019학년도 9월 평가원 |

좌표공간에서 점 $A\left(3, \dfrac{1}{2}, 2\right)$와 평면 $z=1$ 위의 세 점 P_1, P_2, P_3이

$$\overrightarrow{OA} \cdot \overrightarrow{OP_1} = \frac{11}{3}, \ \overrightarrow{OA} \cdot \overrightarrow{OP_2} = 1,$$

$$\overrightarrow{OA} \cdot \overrightarrow{OP_3} = -\frac{7}{4}$$

을 만족시킨다. 점 $(0, k, 0)$을 지나고 방향벡터가 $(1, -6, 0)$인 직선을 l이라 하고, 직선 l에 의해 나누어지는 xy평면의 두 영역을 각각 α, β라 하자. 세 점 P_1, P_2, P_3에서 xy평면에 내린 수선의 발이 모두 α에만 포함되거나 모두 β에만 포함되도록 하는 양의 정수 k의 최솟값을 m, 음의 정수 k의 최댓값을 M이라 할 때, $m-M$의 값을 구하시오. (단, O는 원점이다.)

| 문제 풀이 |

STEP1

$$\overrightarrow{OP_1} = (x, y, 1)$$

이라 하면

$$3x + \frac{1}{2}y + 2 = \frac{11}{3}$$

따라서

$$P_1 : y = -6x + \frac{10}{3}, \ z = 1$$

같은 방법으로

$$P_2 : y = -6x - 2, \ z = 1$$

$$P_3 : y = -6x - \frac{15}{2}, \ z = 1$$

이때,

xy평면에 내린 수선의 발을 각각 $P_1{}', P_2{}', P_3{}'$이라 하면

$$P_1{}' : y = -6x + \frac{10}{3}, \ z = 0$$

$$P_2{}' : y = -6x - 2, \ z = 0$$

$$P_3{}' : y = -6x - \frac{15}{2}, \ z = 0$$

그런데

직선 l의 방정식은

$$\frac{x}{1} = \frac{y-k}{-6}, \ z = 0$$

즉,

$$y = -6x + k, \ z = 0$$

이므로

$$k > \frac{10}{3} \ \text{또는} \ k < -\frac{15}{2}$$

따라서

$$m = 4, \ M = -8$$

정답 12

벡터의 정사영에 관한 문제

| 2014학년도 수능 |

좌표공간에서

구 $x^2+y^2+z^2=4$ 위를 움직이는 두 점 P, Q가 있다. 두 점 P, Q에서 평면 $y=4$에 내린 수선의 발을 각각 P_1, Q_1이라 하고, 평면 $y+\sqrt{3}z+8=0$에 내린 수선의 발을 각각 P_2, Q_2라 하자. $2|\overrightarrow{PQ}|^2-|\overrightarrow{P_1Q_1}|^2-|\overrightarrow{P_2Q_2}|^2$의 최댓값을 구하시오.

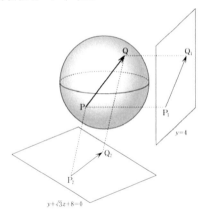

| 문제 풀이 |

STEP1

$\overrightarrow{PQ}$의 평면 $y=4$ 위로의 정사영 $\overrightarrow{P_1Q_1}$의 시점과 평면 $y+\sqrt{3}z+8=0$ 위로의 정사영 $\overrightarrow{P_2Q_2}$의 시점을 $\overrightarrow{PQ}$의 시점에 옮긴다.

$$\overrightarrow{P_1Q_1}=\overrightarrow{PH_1}, \ \overrightarrow{P_2Q_2}=\overrightarrow{PH_2}$$

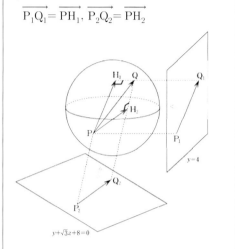

STEP2

이때, $\overrightarrow{PQ}$, $\overrightarrow{P_1Q_1}$이 이루는 각의 크기를 θ_1이라 하고 $\overrightarrow{PQ}$, $\overrightarrow{P_2Q_2}$가 이루는 각의 크기를 θ_2라 하면

$$\left(0\le\theta_1\le\frac{\pi}{2}, 0\le\theta_2\le\frac{\pi}{2}\right)$$

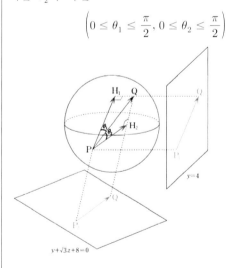

STEP3

$$2|\overrightarrow{PQ}|^2 - |\overrightarrow{P_1Q_1}|^2 - |\overrightarrow{P_2Q_2}|^2$$

$$= \left(|\overrightarrow{PQ}|^2 - |\overrightarrow{P_1Q_1}|^2\right) + \left(|\overrightarrow{PQ}|^2 - |\overrightarrow{P_2Q_2}|^2\right)$$

$$= \left(|\overrightarrow{PQ}|\sin\theta_1\right)^2 + \left(|\overrightarrow{PQ}|\sin\theta_2\right)^2$$

이다.

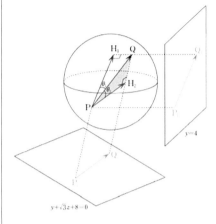

STEP4

그런데

$$|\overrightarrow{PQ}| \le 4$$

이므로

$$\left(|\overrightarrow{PQ}|\sin\theta_1\right)^2 + \left(|\overrightarrow{PQ}|\sin\theta_2\right)^2$$

$$\le \left(4\sin\theta_1\right)^2 + \left(4\sin\theta_2\right)^2$$

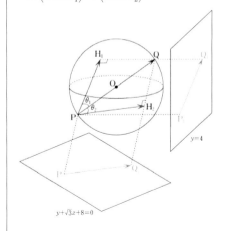

STEP5

두 평면 $y = 4$와 $y + \sqrt{3}\,z + 8 = 0$의 법선
벡터

$$\overrightarrow{h_1}$$과 $\overrightarrow{h_2}$가 이루는 각의 크기는 $\dfrac{\pi}{3}$

이므로

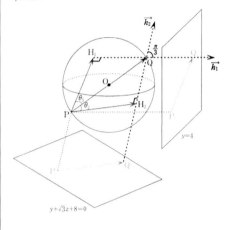

STEP6

$\overrightarrow{PQ}$가 두 평면 $y = 4$와 $y + \sqrt{3}\,z + 8 = 0$
의 교선에 수직이 아닐 때

$$\theta_1 + \theta_2 < \frac{2}{3}\pi$$

이고

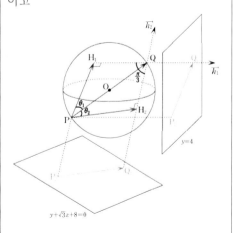

$\overrightarrow{PQ}$가 두 평면 $y=4$와 $y+\sqrt{3}\,z+8=0$ 의 교선에 수직일 때

$$\theta_1+\theta_2=\frac{2}{3}\pi$$

이다.

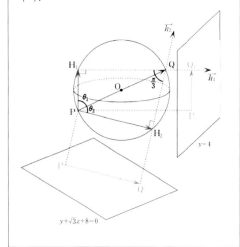

$\overrightarrow{PQ}$의 시점을 두 평면의 교선 위에 옮겨 서 두 평면이 이루는 각을 작도하면

$$\theta_1+\theta_2\le\frac{2}{3}\pi$$

임을 알 수 있다.

따라서

$$\left(4\sin\theta_1\right)^2+\left(4\sin\theta_2\right)^2\quad\left(\theta_1+\theta_2=\frac{2}{3}\pi\right)$$

$$=16\times\frac{1-\cos 2\theta_1}{2}+16\times\frac{1-\cos 2\theta_2}{2}$$

$$=16-8\left(\cos 2\theta_1+\cos 2\theta_2\right)$$

$$=16-8\left\{\cos 2\theta_1+\cos\left(\frac{4}{3}\pi-2\theta_1\right)\right\}$$

$$=16-8\left(\cos 2\theta_1-\frac{1}{2}\cos 2\theta_1-\frac{\sqrt{3}}{2}\sin 2\theta_1\right)$$

$$=16-8\left(\frac{1}{2}\cos 2\theta_1-\frac{\sqrt{3}}{2}\sin 2\theta_1\right)$$

$$=16+8\left(\frac{\sqrt{3}}{2}\sin 2\theta_1-\frac{1}{2}\cos 2\theta_1\right)$$

$$=16+8\sin\left(2\theta_1-\frac{\pi}{6}\right)$$

$$\le 16+8$$

$$\left(\theta_1=\theta_2=\frac{\pi}{3}\right)$$

정답 24

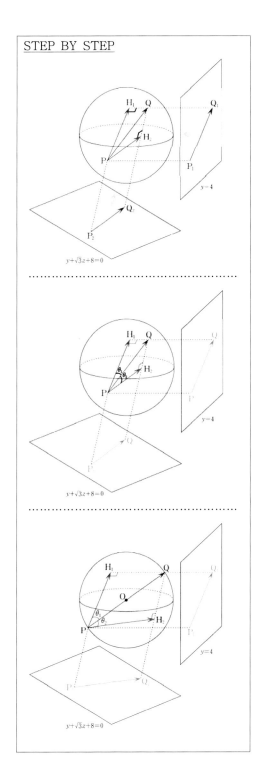

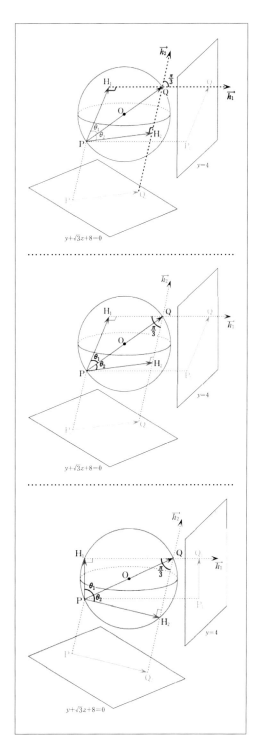